犬の四肢と骨盤への整形外科アプローチ

ORTHOPEDIC APPROACHES TO THE LIMBS AND PELVIS OF THE DOG

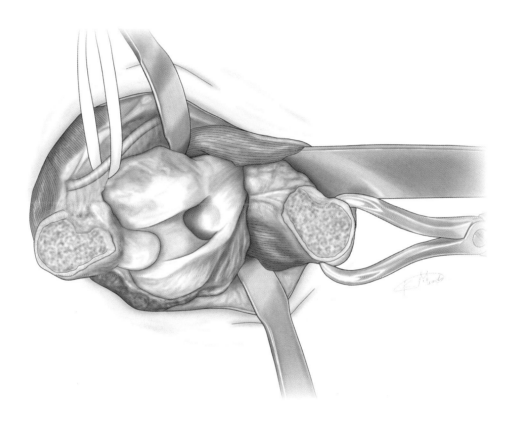

著　左近允 巖
イラスト　近藤 桃子

EDUWARD Press

序　文

　整形外科手術における最初の関門が骨までのアプローチであることに異を唱える方はいないでしょう．例にもれず，経験が浅かった頃の筆者も手術のたびに数少ない整形外科アプローチと解剖学の書籍を見比べながら，局所解剖を頭に叩き込んでから手術に臨んでいました．そこで感じたのは，整然と描かれている図や術創写真と，手術中に目の前に広がる景色が違いすぎることでした．このことは，筆者のみでなく，整形外科手術の経験がある獣医師であれば誰もが経験していることでしょう．局所の腫脹や出血，骨折によるランドマークの変位，動物の大小や品種の違いと，その原因はいくらでもあります．

　本書のコンセプトは，このギャップを少しでも埋めることにあります．本書では，術創の写真には解剖学的な部位名の記載が一切ありません．その意味では，術創写真は実際に手術で目にする術創に近くなっています．一方，その隣にある繊細に描かれたイラストには，部位名が詳細に記載されています．つまり，最初は実際の現場で目にする術創に近い写真を見て目を慣らして欲しいのです．実際の術創に部位名はありません．出血や腫脹で本書の写真よりも組織の分別がつかないことも多く，神経や血管の走行にも少なからず個体差があります．これをあらかじめ折り込んで手術に臨むのと，そうでないのでは気持ちの面で大きな違いがあるはずです．本書に掲載している術創写真は，約10年前に北里大学で学生教育に供された犬達のご遺体で撮影させていただいたものです．凍結保存後の撮影であったため，本来存在するはずの血管や神経が写真では認識しにくいものもあります．この点に関しては，術創写真をもとにイラスト上で補正を加えていることをご了承ください．また，本書ではあくまでも筆者が実際の手術に臨むことを前提としてアプローチを行っているため，必要以上に術創を大きくしていません．本来，整形外科の術創は小さく，術者はその小さな窓から見える構造から周囲の局所解剖を頭のなかで構築する必要があります．そのため，初学者には少しわかりにくい写真になっていることを，あらかじめお断りしておきます．

　本書の提案は，終始編集を担当していただいた櫻井香織氏からいただいたもので，櫻井氏はときに筆の遅い筆者の尻を叩き，ときにはなだめながら辛抱強くお付き合いくださいました．本書は櫻井氏のご協力なしでは決して世にでることはなかったでしょう．また，本書に掲載されているイラストは，すべて近藤桃子先生（岡山どうぶつ整形外科病院）の手によるものです．術創写真とイラストの乖離をどのようになくすかを模索していたところ，筆者の頭にふと浮かんだのが，学生時代から非常に絵がうまかった近藤先生でした．早速，いくつかの術創写真をサンプルとして送り，イラストに起こしていただいたところ，解剖学的に非常に正確で美しいイラストが数日であがってきました．それまで，近藤先生には医学イラストレーターとしての経験はありません．ときには，写真では見えにくい神経や血管，筋を補足して描き，筆者の解説の誤りも多く指摘してくれました．これは，常日頃より整形外科の手術に接している獣医師だからこそできることです．現役獣医師としての残りも少なくなった今，かつての教え子と本を出版できる幸せをかみしめています．また，それ以上に本書の製作に行き詰まった時，近藤先生を思い出した自分を盛大に褒めてあげたいところです．櫻井氏，近藤先生のほかにも，本書の制作には，かつての北里大学小動物第1外科学研究室所属の多くの学生達にも協力していただきました．そしてなによりも筆者に執筆の機会を与えてくださった太田宗雪 代表取締役社長にこの場をお借りして心より御礼申し上げます．

　最後に，本書の出版にあたり最も大きく貢献してくれたのは，ほかの誰でもなく犬達です．彼らの命に深く感謝するとともに，心より哀悼の意を表します．

　本書が，これから整形外科を始めようとする若い先生方の上達に少しでも役立ってくれると幸甚です．

2024年11月吉日

北里大学 小動物第1外科学研究室 教授

左近允　巌

第1章　保定

1　前肢へのアプローチのための保定 …………………………………………………………………2
2　骨盤および後肢へのアプローチのための保定 ……………………………………………………5

第2章　肩甲骨および肩関節へのアプローチ

1　肩甲骨体への外側アプローチ ……………………………………………………………………12
2　小円筋腱切断による肩関節への外側アプローチ ………………………………………………16
3　棘下筋腱切断による肩関節への外側アプローチ ………………………………………………21
4　肩峰の骨切りによる肩関節への外側アプローチ ………………………………………………26
5　肩峰の骨切りおよび棘下筋腱切断による肩関節への外側アプローチ ………………………30
6　肩関節への前内側アプローチ ……………………………………………………………………36
7　大結節の骨切りによる肩関節への前方アプローチ ……………………………………………42

第3章　上腕骨へのアプローチ

1　上腕骨骨幹への内側アプローチ …………………………………………………………………48
2　上腕骨骨幹への外側アプローチ …………………………………………………………………54
3　上腕骨遠位骨端への前外側アプローチ …………………………………………………………59

第4章　肘関節へのアプローチ

1　円回内筋切断による肘関節への内側アプローチ ………………………………………………64
2　筋間分離による肘関節への内側アプローチ ……………………………………………………68
3　肘関節への後外側アプローチ ……………………………………………………………………71
4　肘頭の骨切りによる肘関節への後方アプローチ ………………………………………………75

第5章　橈尺骨および手根関節へのアプローチ

- 1　橈骨頭への外側アプローチ……………………………………………………………… 82
- 2　肘頭および尺骨近位骨幹への後方アプローチ………………………………………… 85
- 3　尺骨骨幹への外側アプローチ…………………………………………………………… 88
- 4　橈尺骨への前方アプローチ……………………………………………………………… 91
- 5　手根関節への外側アプローチ…………………………………………………………… 97
- 6　手根関節への内側アプローチ…………………………………………………………… 101
- 7　手根関節から中手骨への前方アプローチ……………………………………………… 105

第6章　骨盤および股関節へのアプローチ

- 1　腸骨への外側アプローチ（中殿筋分割法）…………………………………………… 110
- 2　腸骨への外側アプローチ（中殿筋を挙上する方法）………………………………… 114
- 3　大転子の骨切りによる寛骨臼および腸骨体への外側アプローチ…………………… 117
- 4　坐骨への外側アプローチ………………………………………………………………… 123
- 5　腸骨翼および仙腸関節への背側アプローチ…………………………………………… 126
- 6　股関節への前外側アプローチ…………………………………………………………… 130
- 7　大転子の骨切りによる寛骨臼（股関節）への外側アプローチ……………………… 137

第7章　大腿骨へのアプローチ

- 1　大腿骨近位骨幹端への外側アプローチ………………………………………………… 146
- 2　大腿骨骨幹への外側アプローチ………………………………………………………… 152
- 3　大腿骨遠位骨端への外側アプローチ…………………………………………………… 158

第8章　膝関節へのアプローチ

- 1　膝関節への前外側アプローチ…………………………………………………………… 164
- 2　膝関節への内側アプローチ……………………………………………………………… 169
- 3　脛骨粗面の骨切りによる膝関節への前方アプローチ………………………………… 173

第9章　脛骨および足根関節へのアプローチ

1	脛骨近位への内側アプローチ	178
2	脛骨骨幹への内側アプローチ	183
3	足根下腿関節への内側アプローチ	186
4	脛骨内果の骨切りによる足根下腿関節への内側アプローチ	189
5	足根下腿関節への外側アプローチ	194
6	踵骨への後外側アプローチ	198
7	足根下腿関節から中足骨への前方アプローチ	201

症例紹介

第2章-1	肩甲骨体の粉砕骨折	15
第2章-4	肩関節脱臼の整復および再脱臼後の全関節固定術	29
第2章-5	肩甲頸および肩甲骨関節面の粉砕骨折	35
第2章-6	肩関節の習慣性内方脱臼	41
第2章-7	肩関節の外方脱臼	46
第3章-1	上腕骨骨幹の粉砕骨折	53
第3章-2	上腕骨骨幹の長斜骨折	58
第3章-3	肘関節脱臼	62
第4章-1	内側鉤状突起離断	67
第4章-3	肘突起不癒合	74
第4章-4	上腕骨顆外側部の骨折	79
第5章-1	肘関節内方脱臼	84
第5章-2	肘頭骨折	87
第5章-3	尺骨遠位成長板の早期閉鎖に伴う肘関節亜脱臼	90
第5章-4	橈尺骨骨折	96
第5章-5	橈尺骨遠位骨幹端骨折	100
第5章-6	橈骨遠位骨端骨折（Salter-Harris TypeⅢ骨折）	104
第5章-7	手根骨および中手骨骨折	108
第6章-1	両側腸骨体骨折	113
第6章-3	股関節脱臼を伴う腸骨体骨折	121
第6章-5	対側に股関節腹側脱臼を伴う仙腸関節脱臼	129
第6章-6	両側の股関節腹側脱臼	136

第6章-7	股関節脱臼	144
第7章-1	大腿骨近位骨幹端の粉砕骨折	151
第7章-2	大腿骨骨幹の分節骨折	157
第7章-3	大腿骨外側顆骨折	161
第8章-1	大腿骨遠位骨端骨折および膝蓋骨外方脱臼	168
第8章-2	大腿骨内側顆骨折	172
第8章-3	脛骨近位成長板早期閉鎖	176
第9章-1	脛骨近位骨幹の粉砕骨折	182
第9章-2	脛骨骨幹の斜骨折	185
第9章-3	距骨骨折	188
第9章-4	足根下腿関節脱臼	192
第9章-5	腓骨外果骨折に伴う足根下腿関節脱臼	197
第9章-6	踵骨骨折	200
第9章-7	足根骨および中足骨近位の粉砕骨折	205

第1章 保定

1　前肢へのアプローチのための保定

2　骨盤および後肢へのアプローチのための保定

第1章 1
前肢へのアプローチのための保定

1. 横臥位（外側アプローチ）

【該当するアプローチ】

2-1 肩甲骨体への外側アプローチ	3-3 上腕骨遠位骨端への前外側アプローチ
2-2 小円筋腱切断による肩関節への外側アプローチ	4-3 肘関節への後外側アプローチ
2-3 棘下筋腱切断による肩関節への外側アプローチ	5-1 橈骨頭への外側アプローチ
2-4 肩峰の骨切りによる肩関節への外側アプローチ	5-2 肘頭および尺骨近位骨幹への後方アプローチ
2-5 肩峰の骨切りおよび棘下筋腱切断による肩関節への外側アプローチ	5-3 尺骨骨幹への外側アプローチ
	5-5 手根関節への外側アプローチ
3-2 上腕骨骨幹への外側アプローチ	

　患肢を上にした横臥位で保定する。術中に患肢を腹側に牽引しても体が動かないように，対側肢の腋窩に柔らかいパッドを挟んだ保定ひもを通し，背側へ牽引しておくとよい。同様の処置を後肢にも施しておく。対側肢は腹側へ牽引して固定する。また，患肢は腹側への傾斜が強いと手術が難しくなるため，肘の下にパッドなどを挟み，可能な限り上腕骨を手術台と平行に位置させる。

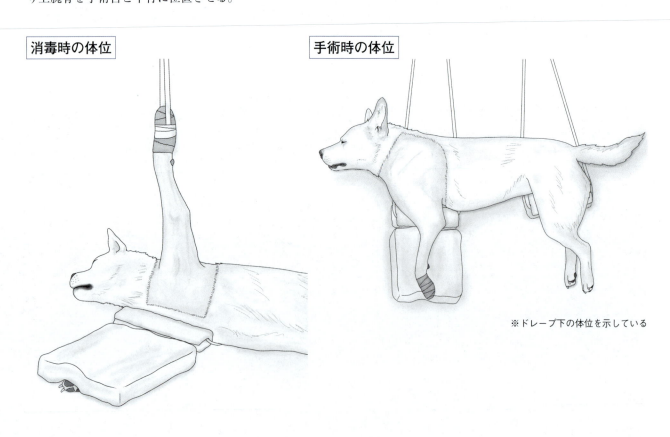

消毒時の体位　　　手術時の体位

※ドレープ下の体位を示している

2．横臥位（内側アプローチ）

【該当するアプローチ】
3-1 上腕骨骨幹への内側アプローチ
4-1 円回内筋切断による肘関節への内側アプローチ
4-2 筋間分離による肘関節への内側アプローチ
5-6 手根関節への内側アプローチ

　患肢を下にした横臥位で保定する。このアプローチは四肢が短い品種や過肥の動物では胸壁が術野に近くなるため，手術が難しくなることがある。患肢を可能な限り腹側へ牽引し，かつ胸郭を圧迫しないように術創に近い胸壁を帯状の布を使って背側へ牽引しておく必要がある。また，手術中に患肢を牽引しても体が動かないよう，腋窩にパッドを挟んだ保定ひもを通し，背側へ牽引しておく。対側肢は大きく外反させて手術台に備えつけたL型スクリーン掛に固定する。海綿骨移植が必要になることが予想される場合には，対側肢の肩部外側にも手術準備をしておく。

消毒時の体位

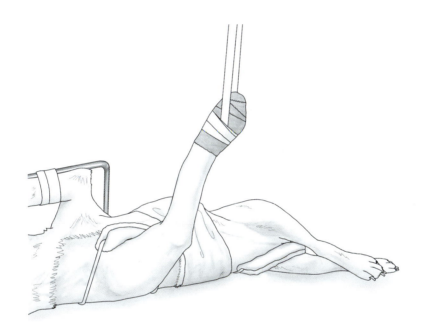

手術時の体位

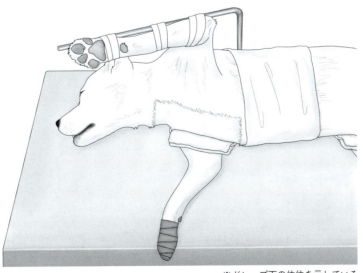

※ドレープ下の体位を示している

3. 仰臥位

【該当するアプローチ】

2-6 肩関節への前内側アプローチ

2-7 大結節の骨切りによる肩関節への前方アプローチ

4-4 肘頭の骨切りによる肘関節への後方アプローチ

5-4 橈尺骨への前方アプローチ

5-7 手根関節から中手骨への前方アプローチ

　Ｖマット上に動物を仰臥位で保定し，患肢を上方へ牽引しながら消毒を行う。術中は患肢を自由に動かせるように保定ひもなどによる牽引は行わない。

消毒時の体位

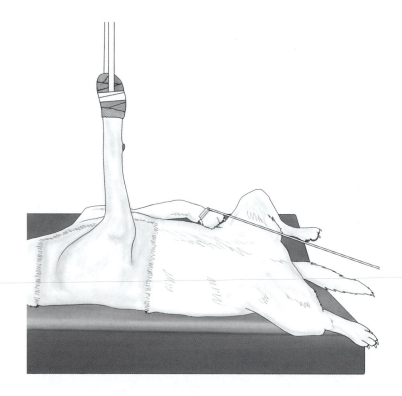

手術時の体位

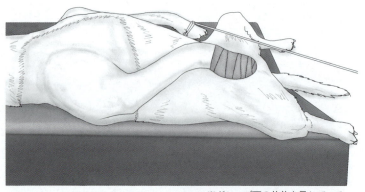

※ドレープ下の体位を示している

第1章 2
骨盤および後肢へのアプローチのための保定

1．横臥位（外側アプローチ）

【該当するアプローチ】
6-1 腸骨への外側アプローチ（中殿筋分割法）
6-2 腸骨への外側アプローチ（中殿筋を挙上する方法）
6-3 大転子の骨切りによる寛骨臼および腸骨体への外側アプローチ
6-4 坐骨への外側アプローチ
6-6 股関節への前外側アプローチ
6-7 大転子の骨切りによる寛骨臼（股関節）への外側アプローチ
7-1 大腿骨近位骨幹端への外側アプローチ
7-2 大腿骨骨幹への外側アプローチ
7-3 大腿骨遠位骨端への外側アプローチ
9-5 足根下腿関節への外側アプローチ
9-6 踵骨への後外側アプローチ

　骨盤から後肢にかけての外側アプローチでは，動物を横臥位で保定する．整復時に患肢を牽引したり，手術台を傾斜させたりする際に動物の保定位置が動かないよう，下になっている前肢の腋窩と後肢の鼠径部に柔らかいパッドを挟んだ保定ひもを通し，背側へ牽引しておくほうがよい．骨盤の整復では，腸骨に傾斜があるため，動物の腹側が若干下がるように傾斜をつけると術創を目視しやすい．また，大腿骨の骨折整復では，大腿骨骨幹から膝関節の下にパッドを置き，大腿骨の傾斜をなくすと整復操作が容易になる．

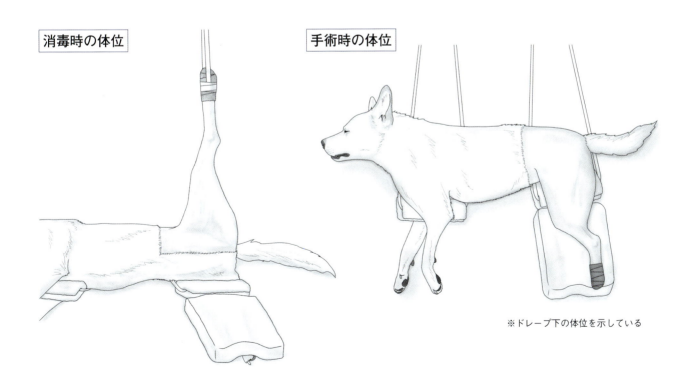

消毒時の体位　　　手術時の体位

※ドレープ下の体位を示している

2. 横臥位（内側アプローチ）

【該当するアプローチ】
8-2 膝関節への内側アプローチ
9-1 脛骨近位への内側アプローチ
9-2 脛骨骨幹への内側アプローチ
9-3 足根下腿関節への内側アプローチ
9-4 脛骨内果の骨切りによる足根下腿関節への
　　内側アプローチ

　膝関節より遠位で内側からアプローチする場合は，患肢を下にした状態の横臥位で保定する．その際，上になっている対側肢は股関節を大きく外反し，L型スクリーン掛に固定する．横臥位（外側アプローチ）での保定と同様，前肢の腋窩と後肢の鼠径部には柔らかいパッドを挟んだ保定ひもを通し，背側へ牽引しておく．四肢が短い品種や過肥の動物で膝関節の内側へアプローチする場合は，下腹部に帯状の布を回し，背側へ牽引しておくと手術が容易になる．また，雄犬の手術では術中の排尿で術野が汚染されないよう尿道カテーテルを留置しておく．

消毒時の体位

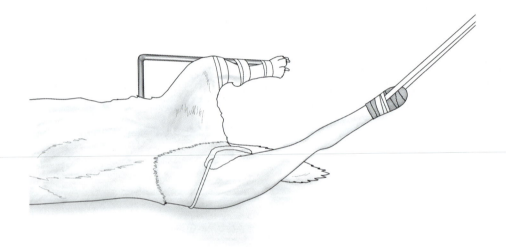

手術時の体位

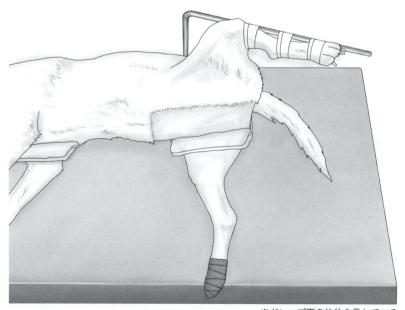

※ドレープ下の体位を示している

3. 伏臥位

【該当するアプローチ】
6-5 腸骨翼および仙腸関節への背側アプローチ

　腸骨翼および仙腸関節へのアプローチでは，動物を伏臥位で保定する．その際，必ず股関節を前方へ屈曲させ，背弯姿勢を維持して保定する必要がある．後肢を後方へ伸展させて保定すると，骨盤が前傾するため，仙腸関節の整復が難しくなる．膝関節の屈曲が難しい動物では，膝関節を伸展させた状態で股関節を前方へ屈曲させて保定する．

消毒時／手術時の体位

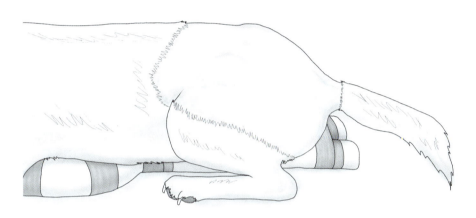

※「手術時の体位」としては，ドレープ下の体位を示している

コラム／伏臥位保定用マット

　筆者の施設では，動物の大きさに合わせてタオルを右図のように成形し，ループ内に動物の胸郭が収まるように保定している．

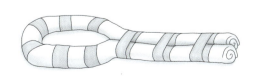

4. 仰臥位

【該当するアプローチ】
8-1 膝関節への前外側アプローチ
8-3 脛骨粗面の骨切りによる膝関節への前方アプローチ
9-7 足根下腿関節から中足骨への前方アプローチ

　膝関節および足根関節へ頭側よりアプローチする場合には，Ｖマット上に動物を仰臥位で保定する．また，足根関節などへ内側と外側からアプローチする場合も動物の保定は仰臥位となる．大腿骨の骨切りを伴う膝蓋骨内方脱臼整復などでは，外側と前方の両側からのアプローチを容易にするため，患肢が上になるよう，動物を若干斜位で保定するとよい．

消毒時の体位

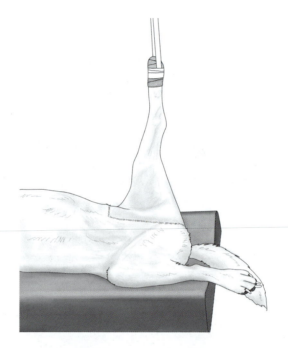

手術時の体位

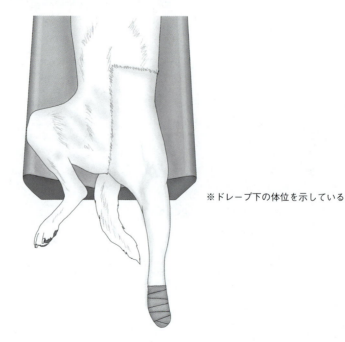

※ドレープ下の体位を示している

コラム／実際のドレーピング

　術中の体位をわかりやすく示すために，本書ではドレープの図示を割愛した。実際は，消毒の後，非滅菌の肢先の扱いやドレープのかけ方など，アプローチを行う前にも整形外科手術特有の細やかな滅菌操作が必要になる。左側前肢を例にすると，筆者の施設では，尾側，頭側，背側，腹側の体幹部分を4枚の布ドレープで覆い，この後さらにディスポーザブルドレープとプラスチックドレープで術野を覆う。術中にCアームを使用することがあるため，すべての整形外科手術でタオル鉗子は使用せず，ドレープは皮膚に縫着して固定する。術野の準備については，施設間で多少異なる部分はあると思うが，手術前の滅菌操作に関しては厳格に実施したい。

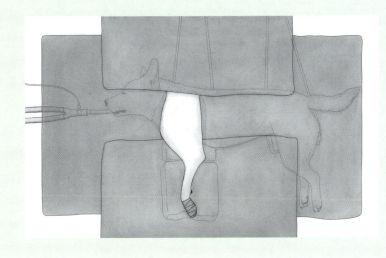

コラム／ランドマーク

　整形外科におけるアプローチでは，皮膚切開前にランドマークを確認することが非常に重要となる。図には，体表から触知できる前肢と後肢におけるおもなランドマークを挙げた。当然，脱臼や骨折によってランドマークの位置は変化するため，術前のX線画像と変位したランドマークの位置を見比べながら，最適な皮膚切開ラインを決めることがアプローチにおける最初の作業になる。皮膚切開位置を誤るだけで手術が極端に難しくなってしまうことがあるため，この作業を軽視しないほうがよい。このほか，ランドマークは術中における骨のアライメントの確認にも非常に重要であるため，整形外科を行う獣医師は正常な骨におけるランドマーク同士の位置関係を十分に把握しておく必要があり，これによって術者の見間違いや思い込みによるミスを避けることができる。また，多くのランドマークは重要な筋の起始部および終止部となっていることが多く，皮膚切開時のみならずアプローチを進める段階においても，常にランドマークを意識することで筋間の同定が容易になり，筋への無駄な侵襲を避けることができる。また，ランドマークは，体表から触知できる部位以外に，アプローチの過程において術者が独自のランドマークをつくることで，それを基準に見えない部分の骨の情報を得ることや，インプラントの設置位置を決めることも可能になる。

　手術は目と手を使って行うが，その多くの情報を視覚より得ている。「手」には作業を行う実体であると同時に「触覚」という機能が備わっている。しかし，我々には手術のために触覚を磨くという概念があまりない。視覚は，最も重要な感覚器であるが，ときに思い込みや勘違いによってだまされることがある。正確な手術を行うためには，どちらも過信することなく，双方をフルに使ってアプローチを行う必要がある。

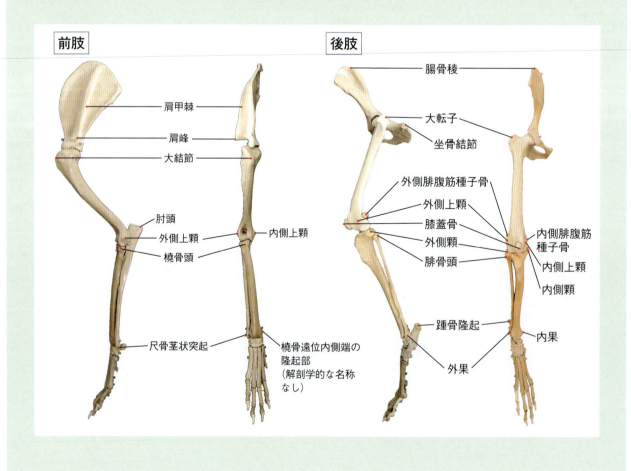

第2章 肩甲骨および肩関節へのアプローチ

1 肩甲骨体への外側アプローチ

2 小円筋腱切断による肩関節への外側アプローチ

3 棘下筋腱切断による肩関節への外側アプローチ

4 肩峰の骨切りによる肩関節への外側アプローチ

5 肩峰の骨切りおよび棘下筋腱切断による肩関節への外側アプローチ

6 肩関節への前内側アプローチ

7 大結節の骨切りによる肩関節への前方アプローチ

第2章 1
肩甲骨体への外側アプローチ

適用

肩甲骨体および肩甲棘の骨折整復時に適用される。

- ・肩甲骨体骨折の整復
- ・肩甲棘骨折の整復

アプローチのポイントと注意点

　肩甲骨体へは，肩甲棘を境に頭側の棘上筋を頭側へ，尾側の棘下筋を尾側へ剥離することで，比較的容易にアプローチできる。ただし，肩甲骨頸へ同時にアプローチする場合には，肩峰の直下を頭尾側方向に走行する肩甲上神経と肩甲上動脈を損傷しないよう注意する。

ランドマークと皮膚切開

　肩甲棘および肩峰をランドマークとする。肩甲骨体の整復では，骨が厚い肩甲棘付近にインプラントを設置することが多いため，皮膚の切開は，肩甲棘に沿って整復に必要な範囲で行う。

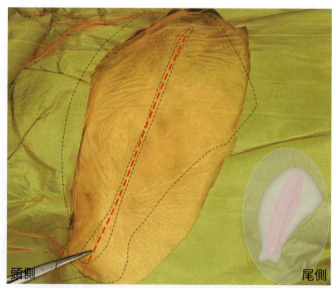

アプローチが可能な部位を右下に示す

手順

1. 皮膚切開と同じ位置で皮下組織を切開すると，尾側に三角筋肩甲部，頭側に僧帽筋と肩甲横突筋が現れる．肩甲棘を指で触知し，この頭尾側で筋膜を鋭性に切開すると（点線），その頭側に棘上筋，尾側に棘下筋が確認できる．棘上筋と棘下筋の筋膜を肩甲棘の付着部で鋭性に切開する．

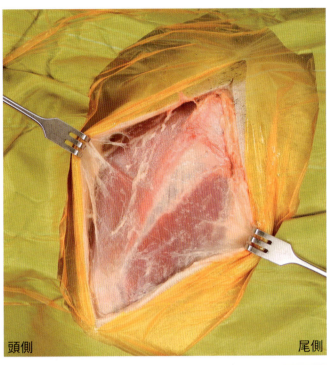

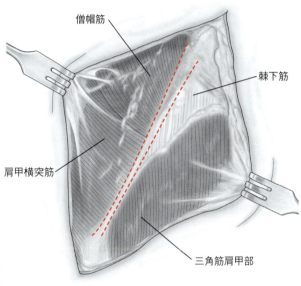

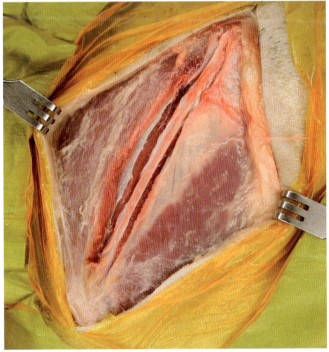

2 棘上筋と棘下筋を，肩甲棘および肩甲骨体より剥離し，それぞれを頭尾側方向へ牽引すると肩甲骨体を露出できる。肩甲骨体の露出を遠位方向へ拡大する場合は，肩峰直下で頭尾側方向へ走行する肩甲上神経および肩甲上動脈・静脈を損傷しないよう注意する必要がある。肩甲上神経は，肩関節外側面の安定化に寄与する棘下筋と棘上筋の双方へ分布する。写真では見えないが，肩甲上神経は図で示す位置で肩甲上動脈・静脈と並走している。

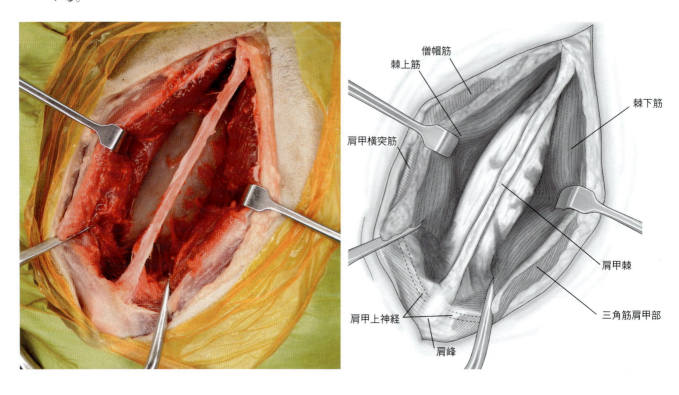

3 写真では肩甲上神経を分離し，神経テープで確保している。これより遠位の肩甲骨頸を露出する必要がある場合は，肩峰の骨切りを行い，三角筋肩峰部を遠位へ反転する必要がある（「2-5 肩峰の骨切りおよび棘下筋腱切断による肩関節への外側アプローチ」参照）。

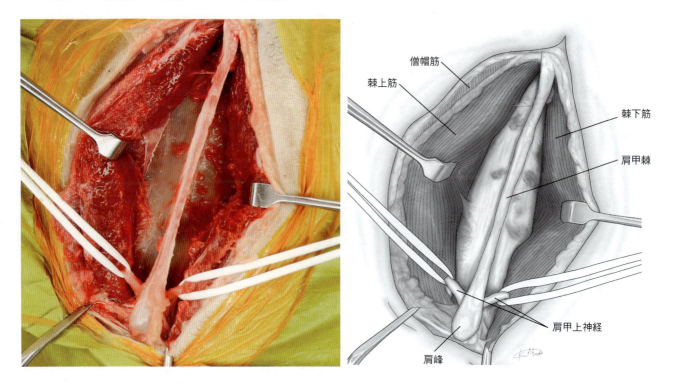

症例紹介／肩甲骨体の粉砕骨折

術前（尾頭側像）　　術前（側方向像）　　術後（尾頭側像）　　術後（側方向像）

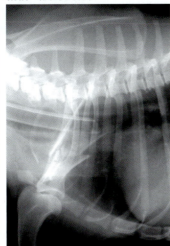
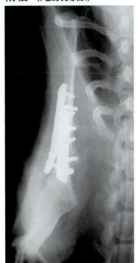
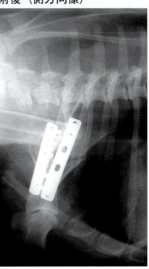

　ビーグル，6歳3カ月齢，雄，体重11.5kg。
　肩甲骨体の骨折を2枚のプレートで整復した。肩甲骨にプレートを設置する際は，骨の最も厚い肩甲棘の基部にスクリューを挿入する。本症例では必要なかったが，プレートが肩甲上神経の走行路にかかる場合は，プレートを神経の下に設置する必要がある。

小円筋腱切断による肩関節への外側アプローチ

適用

　上腕骨頭の尾側部分へのアプローチ方法である。切断する筋は小円筋のみであるため侵襲は少ないが，上腕骨頭の露出範囲は局限される。おもに離断性骨軟骨症の治療で，上腕骨頭尾側における軟骨フラップの摘出と関節軟骨の掻爬を行う際に適用となる。上腕骨頭をさらに広く露出する場合には，「2-3 棘下筋腱切断による肩関節への外側アプローチ」を選択するほうがよい。

・離断性骨軟骨症の上腕骨頭尾側における軟骨フラップの摘出と関節軟骨の掻爬

アプローチのポイントと注意点

　アプローチ時に，隣接して存在する棘下筋と小円筋を区別することがポイントとなる。小円筋を切断する際には，その下層に腋窩神経の枝が走行しているため，これを損傷しないように注意する。

ランドマークと皮膚切開

　肩峰および上腕骨の大結節をランドマークとし，肩甲骨遠位から上腕骨近位の領域で，肩峰を通るラインで皮膚を切開する。皮膚切開の範囲は手術の内容によって適宜調節する。

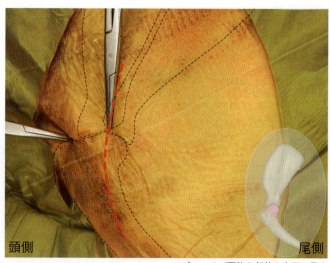

アプローチが可能な部位を右下に示す

手順

1 皮膚切開の直下に薄い肩甲横突筋が現れるため，これを肩甲棘のラインで切開する（点線）。

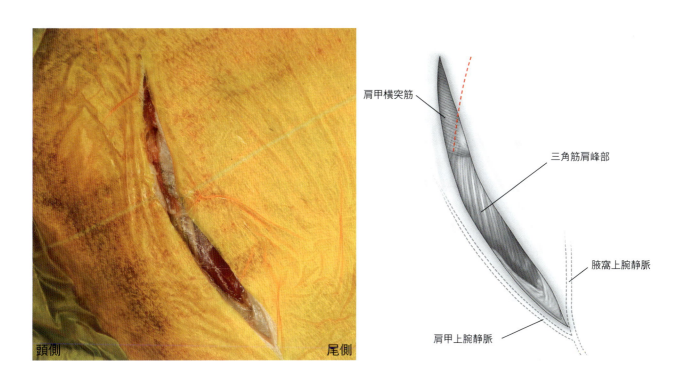

2 切開した肩甲横突筋を頭側へ牽引すると，肩峰およびそこから遠位に向かって放射状に伸びる三角筋肩峰部を確認できる。この筋の尾側に三角筋肩甲部が接しているため，これらの筋間を分離する（点線）。

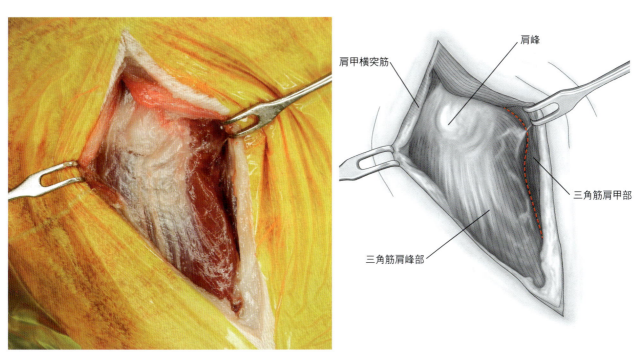

3 三角筋肩峰部を頭側へ，三角筋肩甲部を尾側へ牽引すると，上腕骨大結節外側面に終止する棘下筋と小円筋が視認できる。

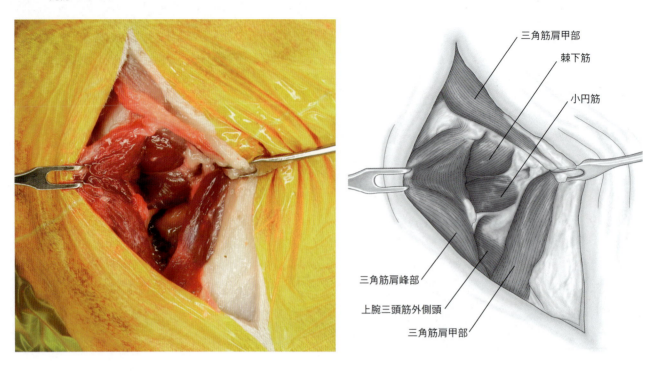

4 近位側の棘下筋と遠位側の小円筋の筋間を分離し，小円筋の下に神経テープを通す。

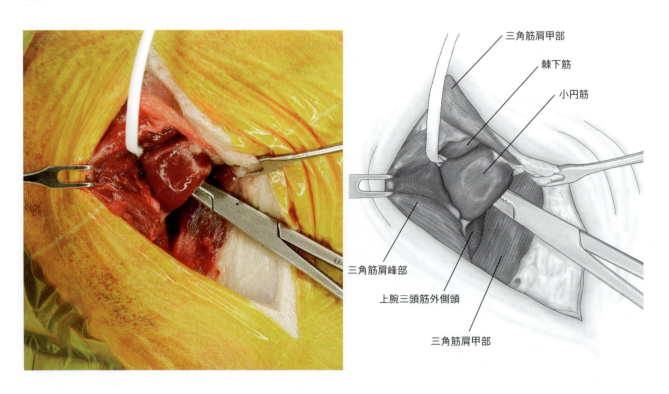

5 小円筋の直下には，腋窩神経からの筋枝が小円筋に向かって走行しているため，損傷しないよう注意する．写真では小円筋を神経テープで牽引し，神経をテープ内に巻き込んでいないことを確認している．小円筋は上腕骨に近い腱部で切断するほうが閉創時の縫合が容易になる（点線）．

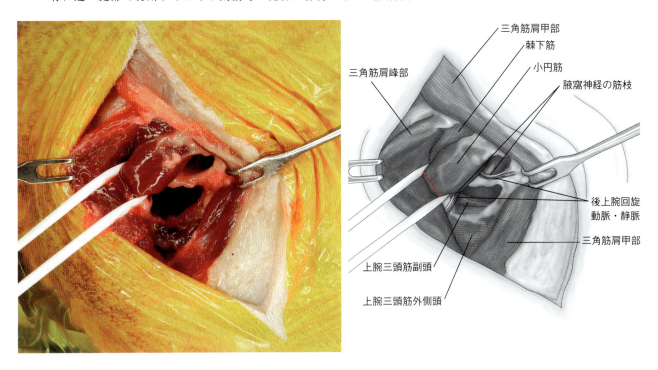

6 小円筋を上腕骨側で切断すると，その下層に関節包が視認できる．視認できない場合は，指を関節包の上に置き，上腕骨を動かし，それに伴って可動する上腕骨頭と可動しない肩甲骨関節窩の外側縁を触知する．関節包は頭尾側方向へ切開する（点線）．

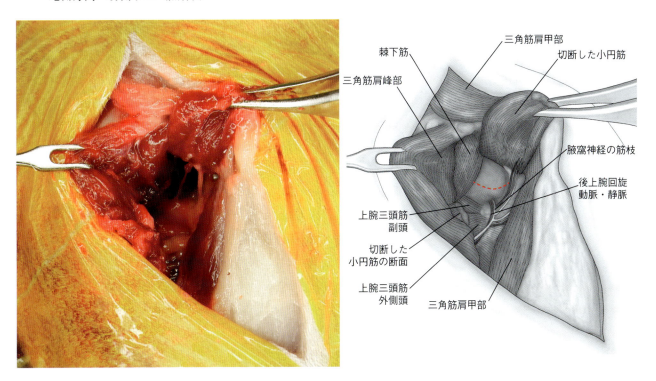

7 関節包を切開すると上腕骨頭が確認できる。術創を閉鎖する際は，関節包および小円筋を確実に縫合する。

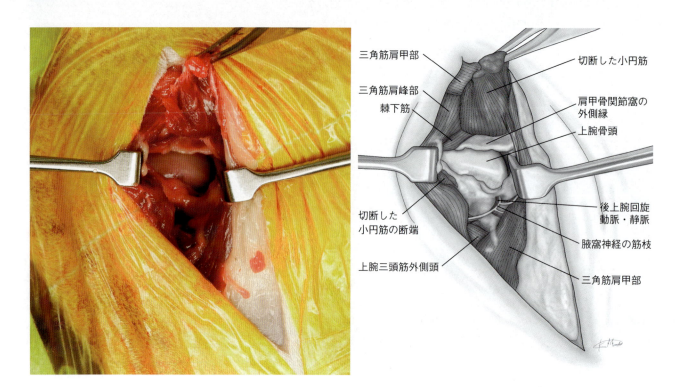

第2章 3
棘下筋腱切断による肩関節への外側アプローチ

適用

本法では，上腕骨近位骨端から上腕骨頭の外側面を比較的広く露出することができる。Salter-Harris 型骨折を含む関節内骨折や上腕骨近位骨端骨折を整復する際に適用される。また，離断性骨軟骨症で病変部が上腕骨頭の頭側に位置する場合には，「2-2 小円筋腱切断による肩関節への外側アプローチ」よりも本法を選択するほうがよい。

- Salter-Harris 型骨折を含む関節内骨折の整復
- 離断性骨軟骨症の上腕骨頭頭側における軟骨フラップの摘出と関節軟骨の掻爬
- 上腕骨近位骨端骨折の整復
- 棘下筋拘縮症に対する腱切断

アプローチのポイントと注意点

棘下筋と小円筋の腱は非常に近い位置で上腕骨に付着しているため，切断する際に間違えないよう注意する。「2-2 小円筋腱切断による肩関節への外側アプローチ」では三角筋肩峰部の尾側縁を頭側へ牽引するが，このアプローチでは頭側縁を尾側へ牽引する。棘下筋は肩関節の安定に重要な筋であるため，腱を切断する際には，後に確実に再縫着できるよう上腕骨側に十分な縫い代を残しておく必要がある。

ランドマークと皮膚切開

肩峰および上腕骨の大結節をランドマークとし，肩甲骨遠位から肩峰を通り上腕骨に向かって皮膚を切開する。皮膚切開の範囲は手術の術式によって適宜調整する。

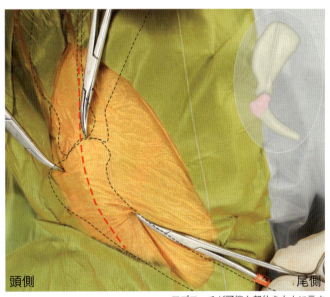

アプローチが可能な部位を右上に示す

手順

1. 皮膚切開と同じ位置で皮下組織を切開すると，肩峰とそこから遠位に向かって放射状に広がる三角筋肩峰部が現れる。

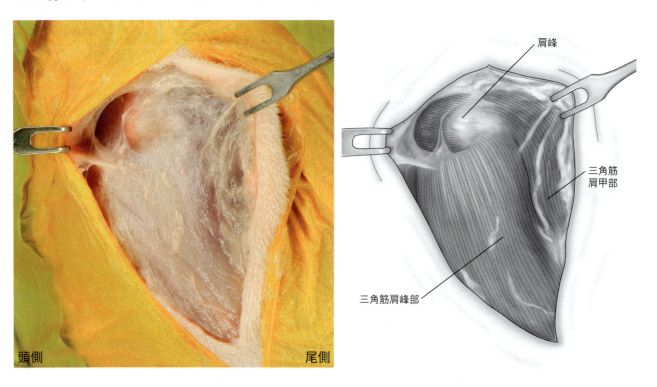

2. 三角筋肩峰部を確認後，この筋の頭側にある棘上筋との筋間を確認して分離する（点線）。

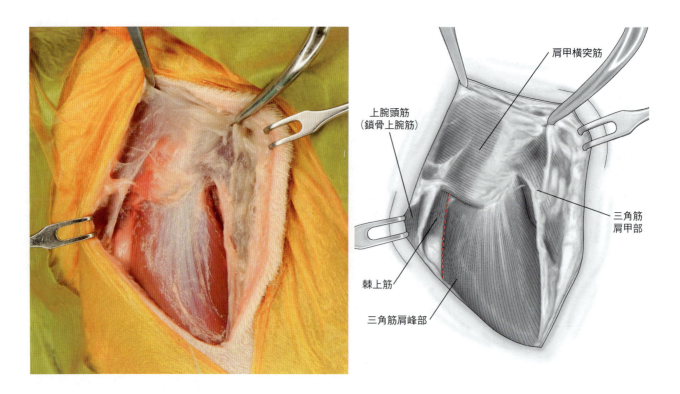

3. 三角筋肩峰部の頭側縁を尾側へ牽引すると，その下層に近位から順に棘下筋，小円筋および上腕三頭筋外側頭の上腕骨付着部が視認できる。

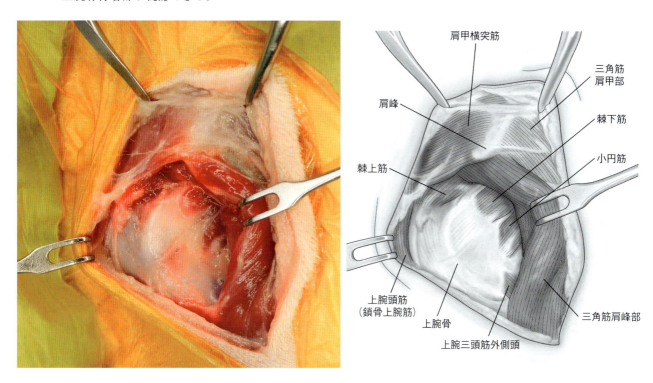

4. 写真では棘下筋を神経テープで確保している。小円筋腱がすぐ遠位にあるため，切断する際に間違えないように注意する。棘下筋腱は上腕骨側に十分な縫い代を残して切断する（点線）。

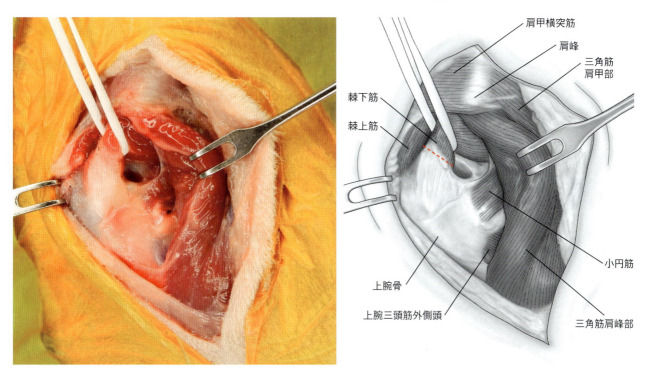

5 棘下筋腱を鋭性に切断する．閉創時には必ず腱を縫合する．

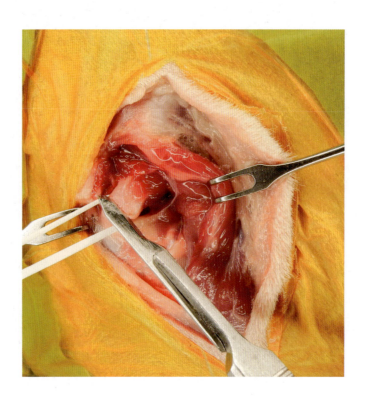

6 棘下筋腱を切断後，その直下の関節包を鋭性に切開して関節内へアプローチする．

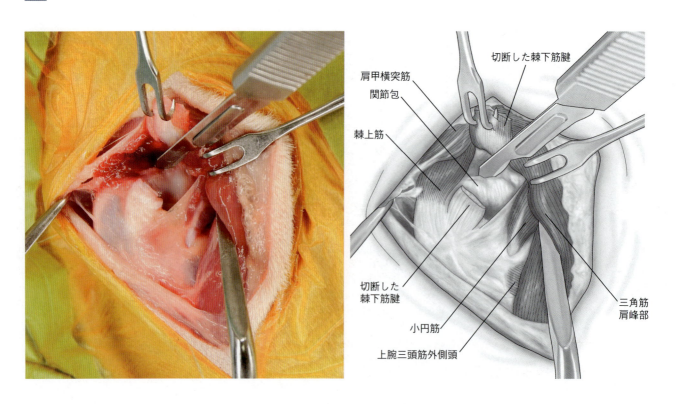

7 関節包を切開後，上腕骨を内反もしくは内旋させることで，上腕骨頭外側面のかなり広い範囲を観察することができる。ただし，本法では上腕骨近位骨端および上腕骨頭の露出のみで，肩甲骨関節窩へはアプローチできない。肩関節外側面を広く露出するためには，「2-4 肩峰の骨切りによる肩関節への外側アプローチ」を選択する。

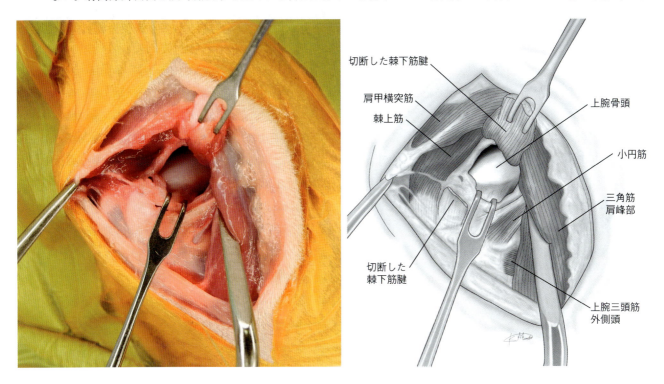

第2章 4
肩峰の骨切りによる肩関節への外側アプローチ

適用

肩甲骨関節窩から肩甲頸までの骨折や，上腕骨近位の関節内骨折整復時に適用される。そのほか，肩関節外方脱臼の整復で関節包の外側を修復する場合や，切除関節形成術にも適用できる。また，肩関節の関節固定術を実施する場合は，本法に「2-1 肩甲骨体への外側アプローチ」と「2-7 大結節の骨切りによる肩関節への前方アプローチ」を併用する。アプローチの方法は「2-5 肩峰の骨切りおよび棘下筋腱切断による肩関節への外側アプローチ」とほぼ同じであるが，本法では棘下筋を切断しないため，露出範囲は狭くなる。棘下筋は肩関節外側における安定化を担う重要な筋である。整復の種類や露出範囲によって棘下筋を切断するか否かについては慎重に決定すべきである。

- 肩甲骨関節窩および肩甲頸の骨折整復
- 上腕骨頭骨折の整復
- 肩関節の関節固定術（「2-1 肩甲骨体への外側アプローチ」，「2-7 大結節の骨切りによる肩関節への前方アプローチ」を併用）
- 肩関節外方脱臼の整復
- 切除関節形成術

アプローチのポイントと注意点

肩甲頸の露出が必要な場合は，棘上筋と棘下筋を肩甲骨より剥離するが，肩甲上神経が肩峰直下を頭尾側方向に走行しているため，これを損傷しないよう注意する。また，肩峰の骨切りを行う際に，切断した骨分節が小さいと閉創時の再付着に支障をきたすため，三角筋側に固定が可能な程度の骨を残すよう注意する。

ランドマークと皮膚切開

肩峰および上腕骨の大結節をランドマークとし，肩甲骨遠位から上腕骨近位にかけて肩峰を通るように，上腕骨と肩甲骨の骨軸に沿って皮膚を切開する。皮膚切開の範囲は手術の内容によって適宜調整する。

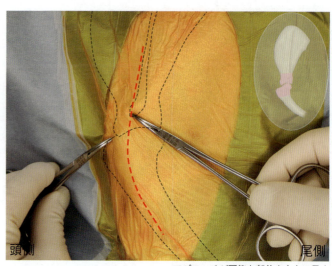

アプローチが可能な部位を右上に示す

手順

1. 皮膚切開と同じ位置で皮下組織を切開すると，肩峰とそこに起始する三角筋肩峰部が現れる。三角筋肩峰部の頭側には棘上筋，尾側には三角筋肩甲部が存在するため，これらとの筋間を分離し，振動鋸で肩峰の骨切りを行う（点線）。

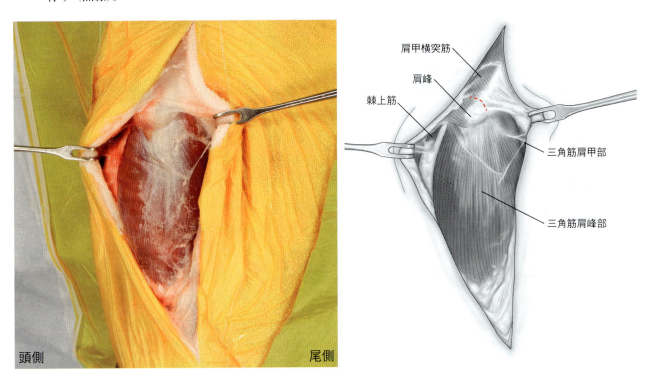

2. 肩峰の骨切りを行う際，三角筋側に残る骨分節が小さくなると閉創時の再付着が難しくなる。そのため，骨切りは肩甲骨近位側より45〜60度程度の角度を付けて，三角筋側に十分な大きさを残して行う。

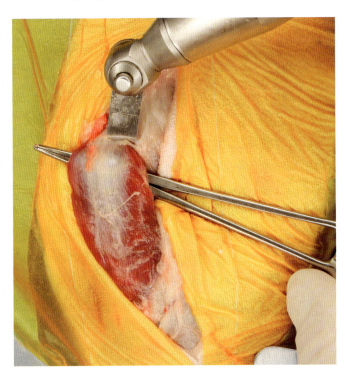
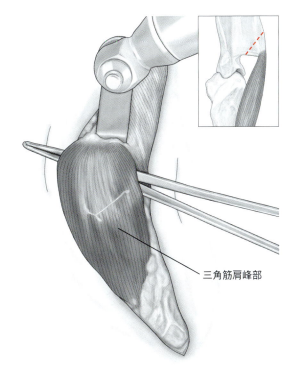

3 骨切りを行った肩峰とともに三角筋肩峰部を遠位方向へ反転すると，その下層に上腕骨近位骨端の外側面および棘下筋を確認できる．

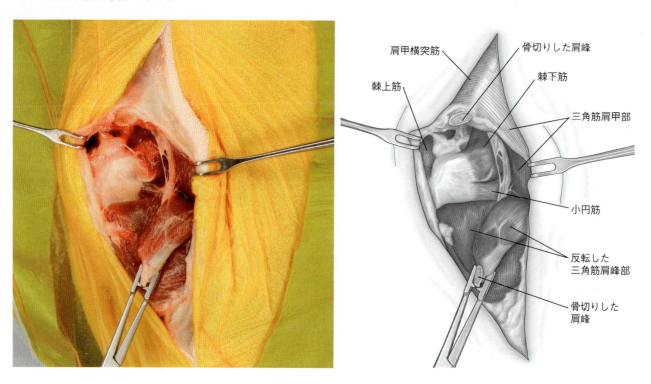

4 棘上筋および棘下筋を肩甲棘より剥離する際は，肩峰直下を頭尾側方向に走行する肩甲上神経を損傷しないよう，神経テープで保護しておく．

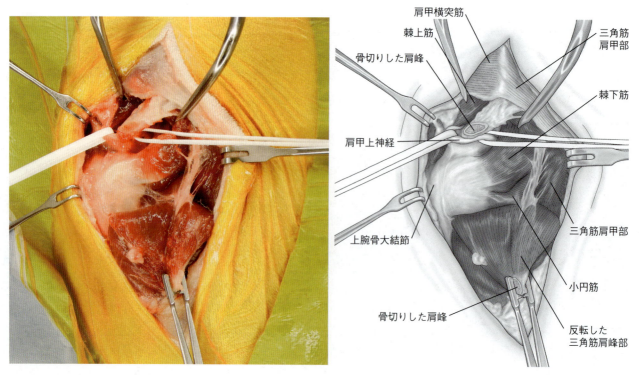

5 ホーマンリトラクターを用いて棘下筋を尾側へ牽引し，その下層の関節包を切開すると，肩甲骨関節窩および上腕骨頭へアプローチできる。

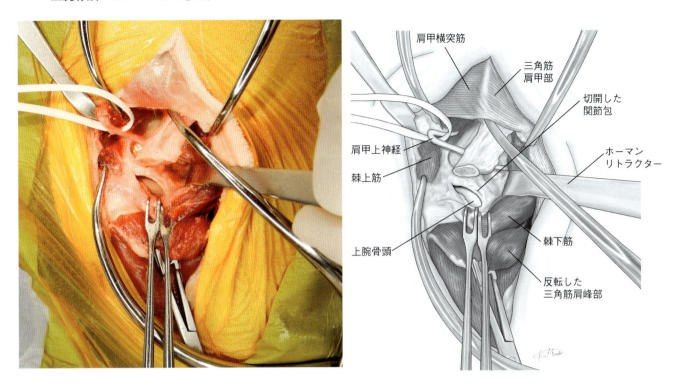

症例紹介／肩関節脱臼の整復および再脱臼後の全関節固定術

術前（側方向像）　初回手術後（尾頭側像）　初回手術後（側方向像）　再手術後（尾頭側像）　再手術後（側方向像）

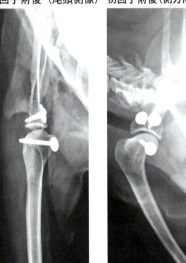
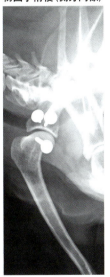
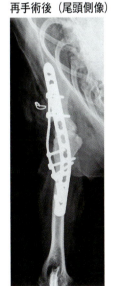
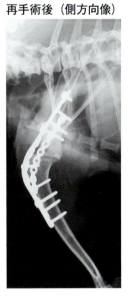

トイ・プードル，12歳齢，雌，体重3.7kg。

　肩関節の内方脱臼に対しアンカースクリューを用いた内側関節上腕靱帯の再建によって整復したが，後に再脱臼を生じたため，全関節固定術を行った。全関節固定術では，肩甲上神経はプレートの下を走行しており，2枚のプレートが肩甲上神経を圧迫しないよう設置している。

　アプローチは，靱帯再建においては「2-6 肩関節への前内側アプローチ」を，全関節固定術においては本法および「2-1 肩甲骨体への外側アプローチ」，「2-7 大結節の骨切りによる肩関節への前方アプローチ」を適用した。

第2章 5

肩峰の骨切りおよび棘下筋腱切断による肩関節への外側アプローチ

適用

本法は，肩甲骨遠位の関節窩と上腕骨の近位骨端を広く露出できるため，肩甲骨関節窩から肩甲頸までの骨折，上腕骨近位の関節内骨折の整復時に適用される。

- 肩甲骨関節窩から肩甲頸の骨折整復
- 切除関節形成術
- 上腕骨近位の関節内骨折の整復

アプローチのポイントと注意点

アプローチの過程において，筋を切断するのは棘下筋の腱部のみであるが，棘下筋は肩関節の安定化に重要な筋であるため，閉創時には確実に縫合する必要がある。また，肩甲骨遠位を露出する場合には棘上筋と棘下筋を肩甲骨より剥離するが，肩峰直下に肩甲上神経および肩甲上動脈が頭尾側方向に走行しているため，これを損傷しないよう注意する。

ランドマークと皮膚切開

肩峰および上腕骨の大結節をランドマークとし，肩甲骨遠位から上腕骨近位にかけて肩峰を通るように，肩甲骨と上腕骨の骨軸に沿って皮膚を切開する。皮膚切開の範囲は手術の術式によって適宜調整する。

アプローチが可能な部位を右下に示す

手順

1 皮膚切開と同じ位置で皮下組織を切開すると，肩峰とそこに起始する三角筋肩峰部が現れる。三角筋肩峰部の頭背側には棘上筋，尾側には三角筋肩甲部が存在するため，これらとの筋間を肩峰に近い位置で分離する（点線）。

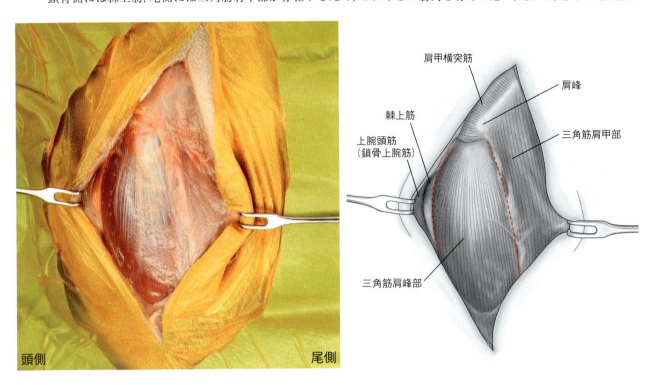

2 三角筋肩峰部を棘上筋，三角筋肩甲部から分離後，三角筋肩峰部の肩峰への付着部を挙上する。振動鋸で肩峰の骨切りを行う（点線）。

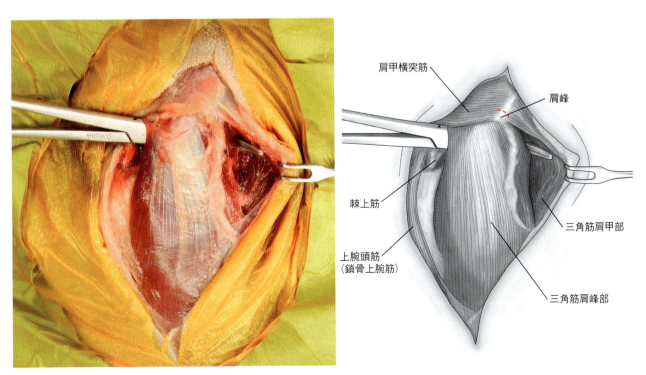

3 肩峰の骨切りを行う際は，三角筋側に残る骨分節が小さくなると閉創時の再付着が難しくなるため，骨切りは肩甲骨近位側より45〜60度程度の角度を付けて行う。

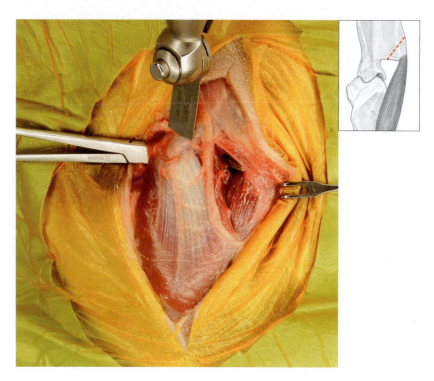

4 骨切りを行った肩峰とともに三角筋肩峰部を遠位側へ反転すると，その下層に棘上筋，棘下筋および小円筋の上腕骨付着部を視認することができる。

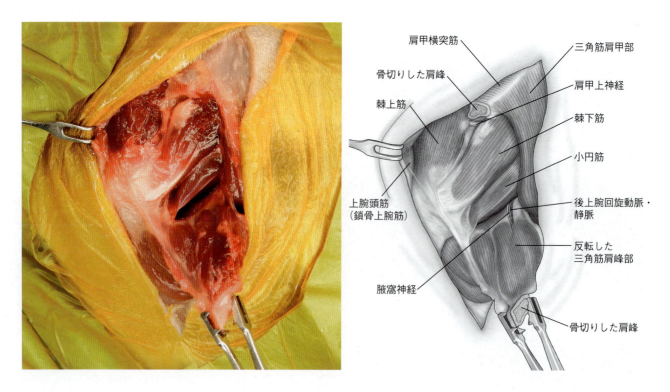

5 棘下筋の腱部を上腕骨に近い位置で切断するため，棘下筋を鉗子で分離し，保持する。この腱は閉創時に縫合するため，上腕骨側に縫い代を残す（点線）。

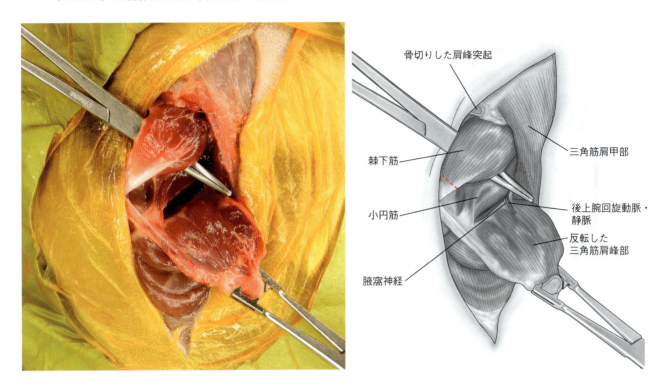

6 棘下筋腱を上腕骨に近い位置で切断し，背側へ反転するとその下層に関節包が視認できる。関節包は肩甲骨関節窩の縁に沿って切開する（点線）。

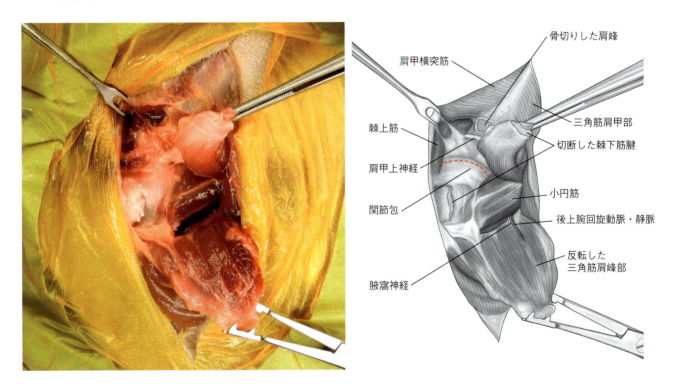

7 関節包を肩甲骨関節窩の縁に沿って切開すると肩関節内へアプローチできる。写真では小円筋を分離して尾側へ牽引している。

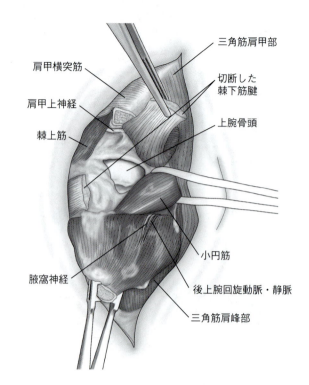

8 さらに三角筋肩峰部を剥離して遠位へ牽引し，同時に棘上筋および棘下筋の剥離を近位側へ進めると肩甲骨遠位から上腕骨近位の比較的広い範囲を露出することができる。ただし，棘上筋と棘下筋の剥離を延長する際に，肩峰直下を頭尾側方向に走行する肩甲上神経および肩甲上動脈を損傷しないよう注意する。プレートなどを肩甲骨遠位へ設置する際には，肩甲上神経および肩甲上動脈の下にインプラントを設置する。

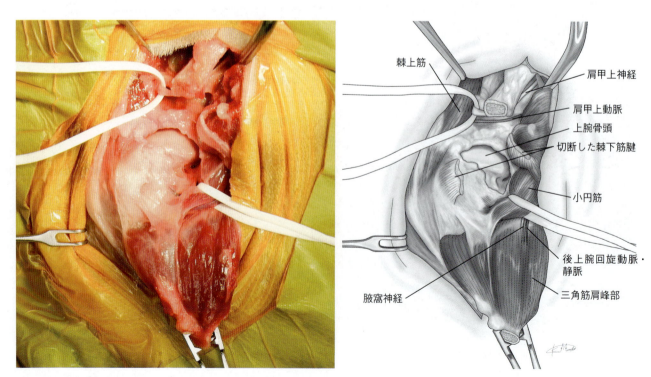

症例紹介／肩甲頸および肩甲骨関節面の粉砕骨折

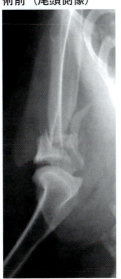
術前（尾頭側像）

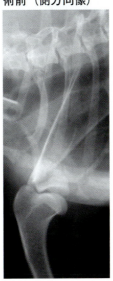
術前（側方向像）

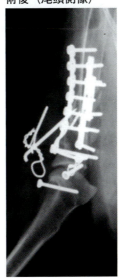
術後（尾頭側像）

術後（側方向像）

雑種犬，4歳齢，雌，体重4.8kg。

　肩甲頸および肩甲骨関節面の粉砕骨折を3枚のプレートで整復した。肩甲骨関節面を直視下に置くため，外側関節上腕靱帯は切断し，閉創時にアンカースクリューと人工糸によって再建した。

肩関節への前内側アプローチ

適用

おもに肩関節不安定症や肩関節内方脱臼時の靱帯再建および上腕二頭筋腱の内方転位術に適用される。また，アプローチの過程で上腕二頭筋の腱部も露出できるため，上腕二頭筋腱鞘炎を腱固定で治療する際のアプローチ法としても適用される。無論，この場合は肩関節へのアプローチを行う必要はない。本稿では，関節内へのアプローチと併せて，上腕二頭筋腱へのアプローチを最後に解説する。

- 肩関節不安定症，肩関節内方脱臼時の靱帯再建および上腕二頭筋腱の内方転位術
- 上腕二頭筋腱鞘炎を治療する際の切腱もしくは腱固定術

アプローチのポイントと注意点

本法では，肩関節内側面での処置が多いため，術者は患肢の対側から手術を行うほうがよい。この場合，術創が術者から離れるため，動物を可能な限り術者に近い位置で保定する。また，胸郭が深い動物では術創が深くなり，とくに肩甲骨関節窩周辺の視野を得にくいため，術中は助手に前腕を上方へ引き上げてもらうようにするとよい。

ランドマークと皮膚切開

上腕骨の大結節をランドマークとし，肩甲骨遠位から上腕骨近位にかけてやや内側寄りの位置で皮膚を切開する。皮膚切開の範囲は手術の術式によって適宜調整する。

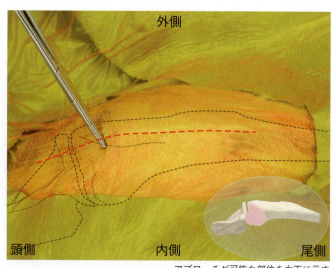

アプローチが可能な部位を右下に示す

手順

1 皮膚切開と同じ位置で皮下組織を切開すると，上腕骨頭側面を覆う上腕頭筋（鎖骨上腕筋）とその内側に浅胸筋が現れる。

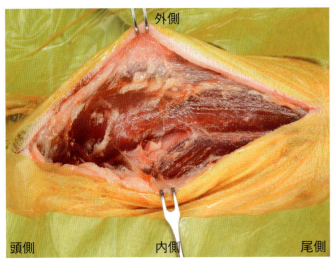
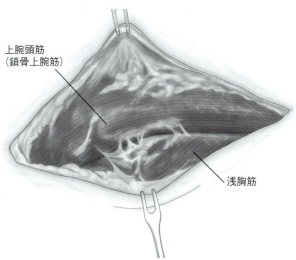

2 上腕頭筋の内側縁を外側へ牽引し，浅胸筋を上腕骨の付着部で鋭性に切開する（点線）。

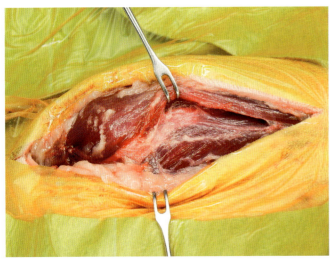
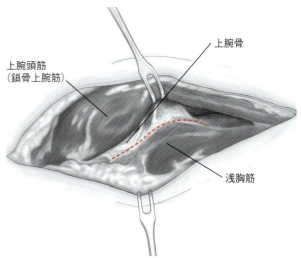

3 上腕頭筋をさらに外側へ牽引し，浅胸筋を内側に牽引すると，上腕骨近位に付着する深胸筋が現れるため，これを上腕骨付着部で鋭性に切開する（点線）。

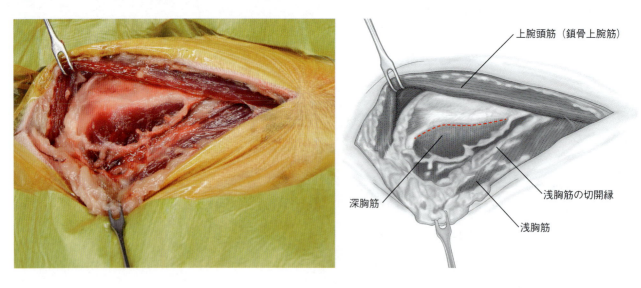

4 深胸筋を内側に牽引するとその下層に上腕骨小結節と上腕二頭筋腱が走行する結節間溝を視認できる。この時点では，上腕二頭筋腱は上腕横靱帯に覆われて視認することができない。小結節の近くを走行する烏口腕筋の腱部を切断する（点線）。

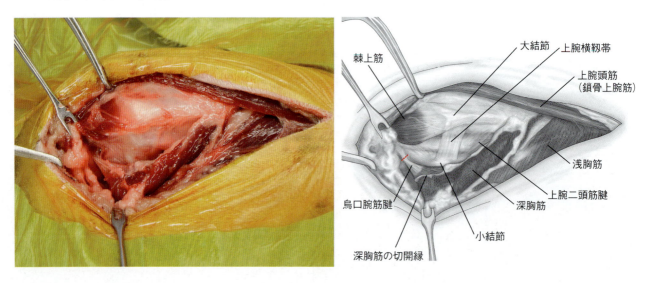

5 深胸筋を強く内側に牽引し，上腕骨を外反させながら上方へ挙上すると，肩甲骨内側面より肩関節を越えて上腕骨小結節に付着する肩甲下筋が視認できる。肩甲下筋を上腕骨付着部から近位方向へ筋線維に沿って切開すると（点線）下層に関節包が視認できるため，これを肩甲下筋と同じ位置で切開する。

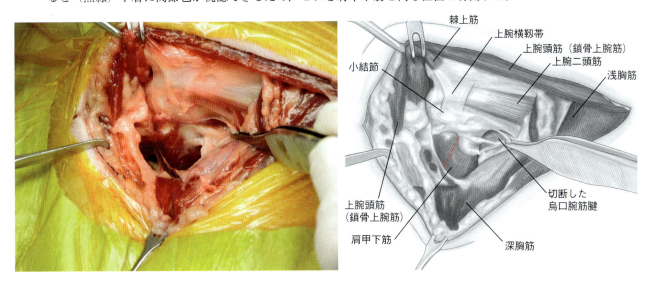

6 肩甲下筋の切開部位を頭尾側方向へ牽引すると，上腕骨頭および肩甲骨関節窩の内側面が視認できる。肩甲下筋は上腕骨付着部で切断し，閉創時に再付着させることも可能であるが，脱臼整復時などで上腕骨頭の内側基部と肩甲骨関節窩付近にアンカースクリューを設置するのみであれば，肩甲下筋腱を完全に切断せずとも通常は十分な視野を得られる。整復後は関節包および肩甲下筋を縫合する。動物が小型の場合には烏口腕筋腱単独での縫合は難しいことが多いため，この場合は肩甲下筋腱とともに縫合する。

なお，本写真では関節窩が見えるように関節包に続く関節軟骨を切断しているが，本来は切断しないほうがよい。切断した場合は関節包とともに確実に縫合しておく。

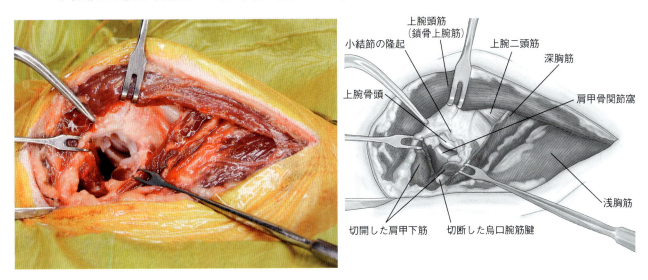

上腕二頭筋腱へアプローチする場合

4 前述の手順**3**からの続きとして，上腕二頭筋腱へのアプローチを解説する．上腕二頭筋腱は，大結節と小結節の間にある結節間溝に上腕横靱帯で固定されており，ここに腱鞘を形成する．よって，上腕二頭筋腱を遊離させるためには上腕横靱帯を鋭性に切開する必要がある（点線）．上腕横靱帯は，小結節に近い位置で下層にある関節包とともに切開する．

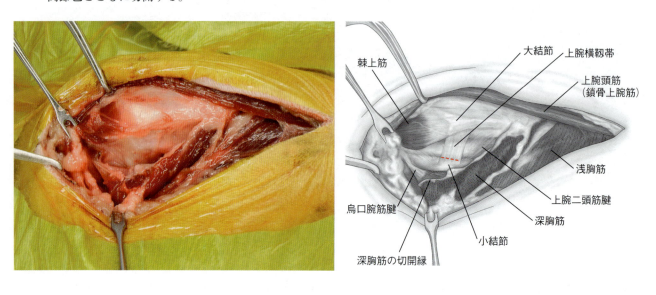

5 写真では，上腕二頭筋腱を結節間溝より遊離させ，神経テープで内側へ変位させている．肩関節内方脱臼時に上腕二頭筋腱の内方転位術を行う際は，この後に腱固定を行う．

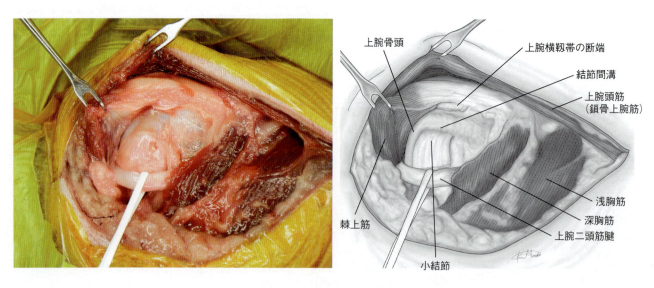

症例紹介／肩関節の習慣性内方脱臼

術前（腹背像）
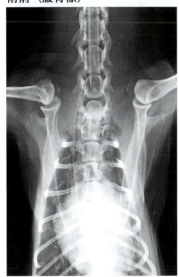

術前（側方向像）
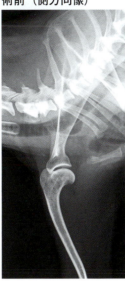

術後（尾頭側像）
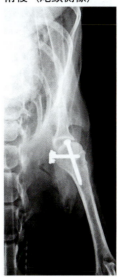

術後（側方向像）
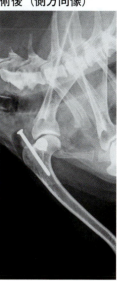

トイ・プードル，15歳齢，雌，体重2.95kg。

　繰り返し内方脱臼を生じる右側肩関節を，上腕二頭筋腱の内方転位術と上腕骨大結節へのスクリュー設置によって安定化した。この整復法は永岡大典先生（みなとよこはま動物病院）が考案された方法である［第84回（2012年）および第94回（2017年）麻酔外科学会にて発表］。上腕骨大結節に設置したスクリューは棘上筋の筋腹を貫通しており，長く突き出たスクリューのヘッド部分が上腕骨の内方への脱臼を制御すると考えられる。本症例では肩関節内部へのアプローチは行っていない。本法で治療を行った症例は「2-4 肩峰の骨切りによる肩関節への外側アプローチ」を参照のこと。

第2章 7 大結節の骨切りによる肩関節への前方アプローチ

適用

　本法では，大結節の骨切りによって棘上筋を近位側へ反転するため，肩関節頭側面で比較的大きな視野を得られる。上腕骨頭を含む上腕骨近位の骨折整復のほか，上腕二頭筋腱にもアプローチできるため，上腕二頭筋腱の外方転位術による肩関節外方脱臼の整復にも適用される。さらに，体位は横臥位で実施することになるが，本法と「2-1 肩甲骨体への外側アプローチ」と「2-4 肩峰の骨切りによる肩関節への外側アプローチ」を併用すると，肩甲骨の棘上窩から上腕骨近位頭側面を広く露出できるため，肩関節の関節固定術にも適用される。

- 上腕骨頭を含む上腕骨近位の骨折整復
- 上腕二頭筋腱の外方転位術による肩関節外方脱臼の整復
- 肩関節の関節固定術（「2-1 肩甲骨体への外側アプローチ」，「2-4 肩峰の骨切りによる肩関節への外側アプローチ」を併用）

アプローチのポイントと注意点

　大結節の骨切りを行う際に，上腕横靱帯で覆われている上腕二頭筋腱と腱鞘を振動鋸で損傷しないよう注意する。

ランドマークと皮膚切開

　上腕骨の大結節をランドマークとし，これを通るラインで肩関節頭側面の皮膚を切開する。皮膚切開の範囲は，手術を行う部位と術式によって変える必要がある。

　本法の解説では，動物を仰臥位で保定しているが，「2-4肩峰の骨切りによる肩関節への外側アプローチ」を併用する場合には横臥位で保定する。

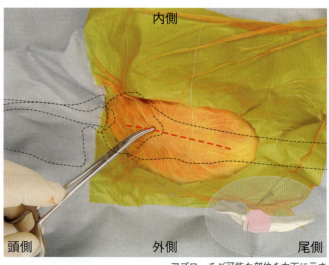

アプローチが可能な部位を右下に示す

手順

1. 皮膚切開と同じ位置で皮下組織を切開すると，肩関節頭側面を覆う上腕頭筋（鎖骨上腕筋）が現れる。この筋と内側の浅胸筋との筋間を確認し，鈍性に分離する（点線）。

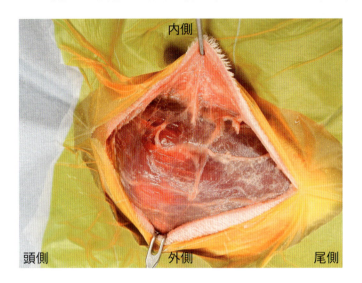
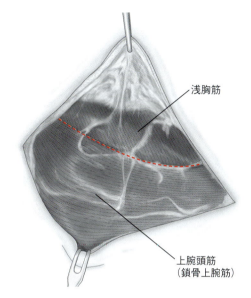

2. 上腕頭筋を外側へ，浅胸筋を内側へ牽引すると，深胸筋の上腕骨付着部が視認できるため，これを鋭性に切開し（点線），内側へ牽引する。

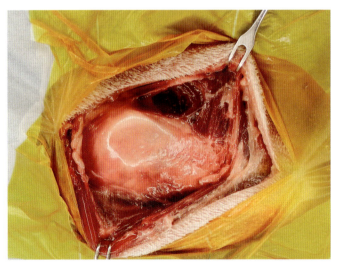
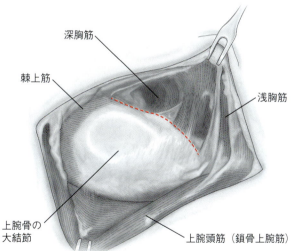

3. 浅胸筋および深胸筋の下層で上腕二頭筋腱および結節間溝の位置を確認する。

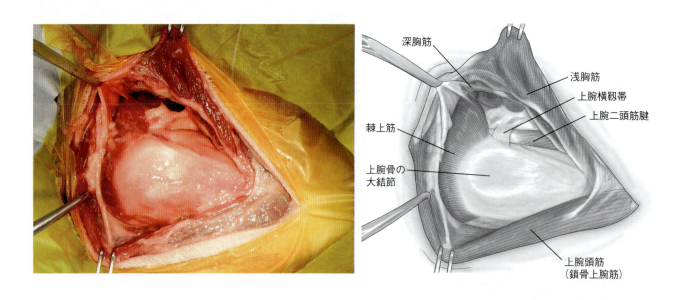

4. 上腕骨の大結節とそれに付着する棘上筋を確認し，振動鋸を用いて近位側より大結節の骨切りを行う（点線）。このとき，大結節の内側に隣接して上腕二頭筋腱を収める結節間溝が存在するため，腱および腱鞘を損傷しないよう注意する。もしわかりにくい場合は，先に上腕横靱帯を切開し，上腕二頭筋腱を遊離させてから骨切りを行うほうがよい。

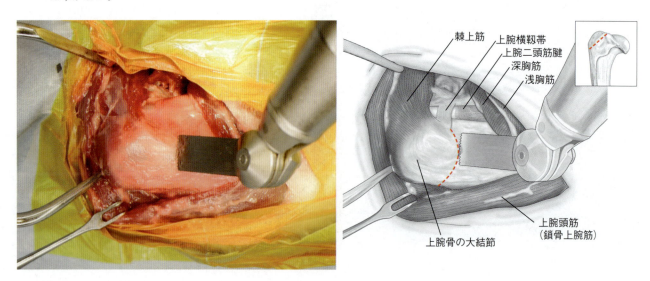

5 骨切りした大結節を棘上筋とともに近位側へ反転すると上腕骨頭の頭側面が露出される。閉創時には大結節をテンションバンドワイヤー法で確実に再付着させる。

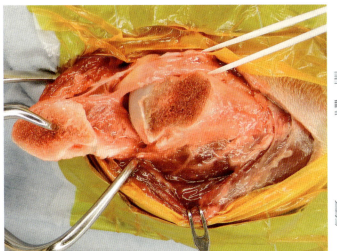
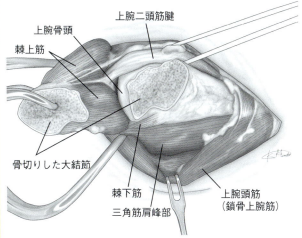

上腕二頭筋腱の外方転位術

　この写真は，手順**5**のアプローチ完了後に上腕二頭筋腱を遊離させ，外側へ変位させる術式を示している。上腕二頭筋腱の緊張が強い場合には，肩関節を伸展させると容易に外側へ変位させることができる。

　肩関節の外方脱臼整復時の上腕二頭筋腱の外方転位術では，上腕二頭筋を外方に転位させた後に大結節を再付着させる。

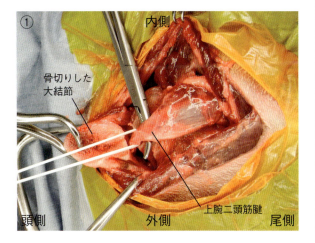
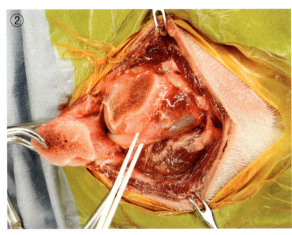
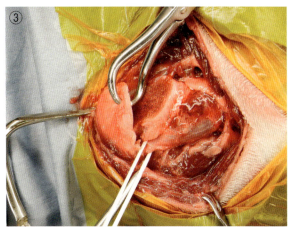

症例紹介／肩関節の外方脱臼

術前（腹背像）

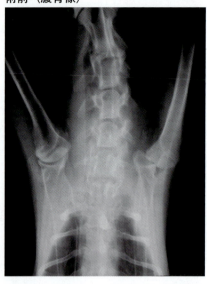

術後（尾頭側像）

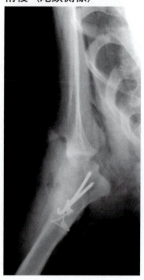

術後（側方向像）

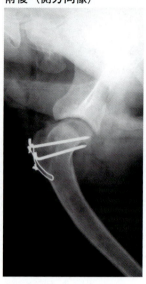

雑種犬，9歳齢，雄，体重10.9kg。

左側肩関節の外方脱臼を，大結節の骨切りにより，上腕二頭筋腱を外方へ転位させることで安定化した。大結節の骨切り部はテンションバンドワイヤー法で整復した。

第3章 上腕骨へのアプローチ

1 　上腕骨骨幹への内側アプローチ

2 　上腕骨骨幹への外側アプローチ

3 　上腕骨遠位骨端への前外側アプローチ

第3章 1
上腕骨骨幹への内側アプローチ

適用

　本法は，おもに上腕骨骨幹遠位 2/3 で生じた骨折に適用するためのアプローチ法であるが，骨折部位が広範囲に及ぶ場合は，上腕二頭筋と上腕頭筋（鎖骨上腕筋）の間より上腕骨近位内側および頭側面へ同時にアプローチすることも可能である。本来，上腕骨は内外側および頭尾側の両方に彎曲の強い骨であるが，骨幹の内側近位 1/2 は比較的彎曲が少なく，プレートの設置も容易である。ただし，骨幹の内側近位 1/3 の骨折では，上腕二頭筋の存在によって視野を得にくいため，頭側からのアプローチを選択するほうがよい。

・上腕骨骨幹遠位 2/3 の骨折整復

アプローチのポイントと注意点

　上腕骨の遠位内側には，腕神経叢より続く正中神経，筋皮神経，尺骨神経，および上腕動脈・静脈が存在するため，アプローチの過程でこれらすべての神経束と血管を視認し，保護しながら手術を進める必要がある。なお，アプローチの過程で切離する必要がある筋は浅胸筋のみである。

ランドマークと皮膚切開

　上腕骨の大結節，骨幹中央部尾側縁，内側上顆をランドマークとする。仮に，骨幹遠位のみにアプローチを行う場合でも，術中におけるアライメント確認のために骨全長を術野から視認できるようドレーピングを行っておく。

　骨幹を広範囲に露出する際には赤点線のように大結節から遠位の内側上顆に至る範囲で皮膚を切開する。骨折が遠位に限局している場合にはこの限りではないが，少なくとも神経束と血管の走行を十分に視認できる範囲で皮膚を切開する。

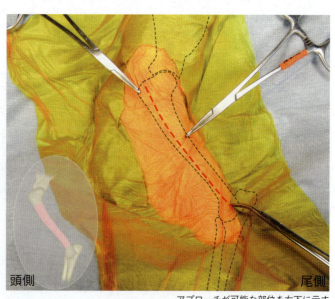

アプローチが可能な部位を左下に示す

手順

1. 皮膚切開と同じ位置で皮下組織を切開すると切開線の直下に上腕骨近位頭側に終止する浅胸筋とその頭側に上腕頭筋が現れる。それより遠位には深部筋膜に覆われた上腕二頭筋を確認することができる。

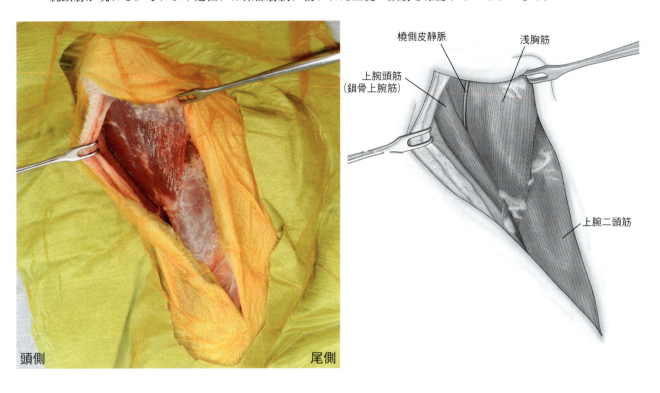

2. 本法において離断する必要がある筋は上腕骨近位頭側に終止する浅胸筋のみである。橈側皮静脈は先に結紮して切断する。メッツェンバウム剪刀などで浅胸筋を挙上し，縫い代を残して切断する（点線）。

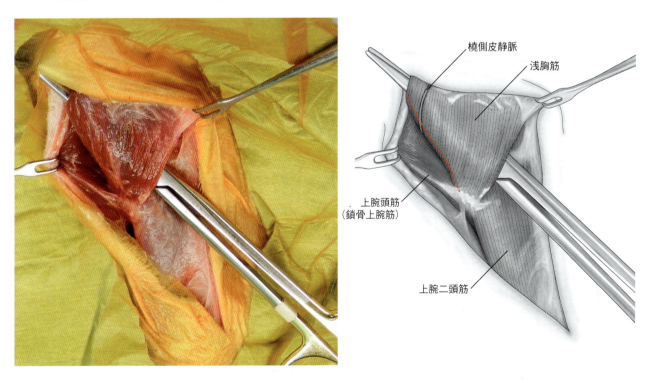

3 深部筋膜を切開して上腕二頭筋を露出する。

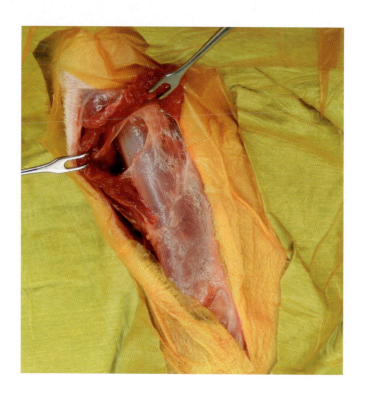

4 上腕二頭筋の尾側に正中神経，筋皮神経，尺骨神経を含む神経束と上腕動脈・静脈が確認できる。

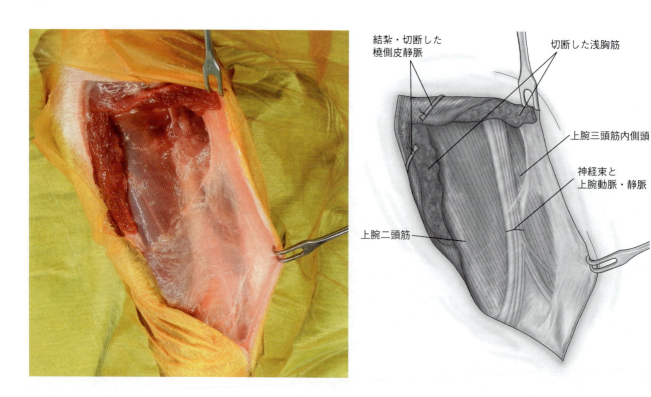

5 神経束周囲の結合組織を剥離し，神経と血管を確認する。

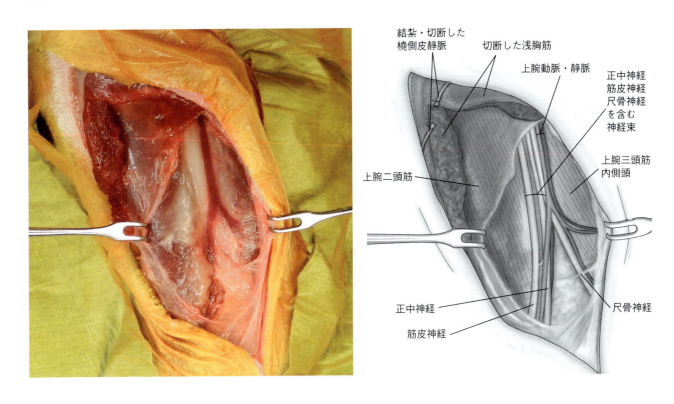

6 遠位で神経束より尺骨神経が分岐するため，それより近位では神経束と上腕動脈・静脈を一緒に神経テープで確保する。遠位では必ずしも筋皮神経および正中神経と尺骨神経を分けて確保する必要はないが，上腕骨内側上顆周囲にインプラントなどを設置する際には，これらの神経の間隙から整復操作を行う必要がある。

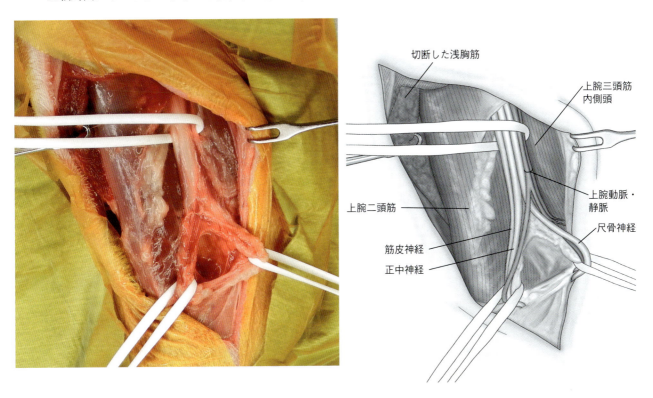

7 骨幹を露出する際には上腕二頭筋と上腕三頭筋内側頭の間を鈍性に分離し，上腕二頭筋を頭側に，神経束と血管を尾側へ牽引する。

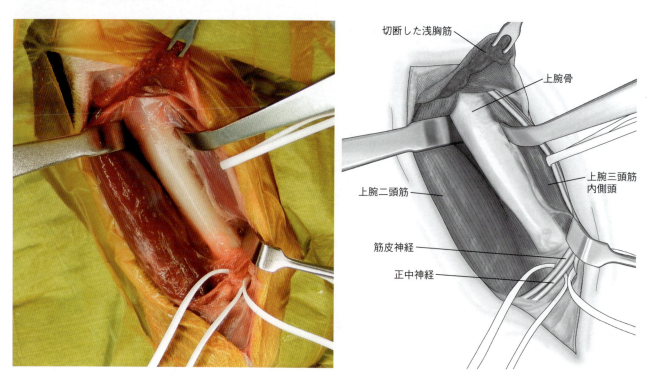

8 これに加えてさらに近位骨幹を露出するには，上腕二頭筋を尾側へ牽引し，上腕頭筋と上腕二頭筋の筋間より上腕骨の頭側面へアプローチする（この場合，皮膚切開を近位まで延長しておく）。

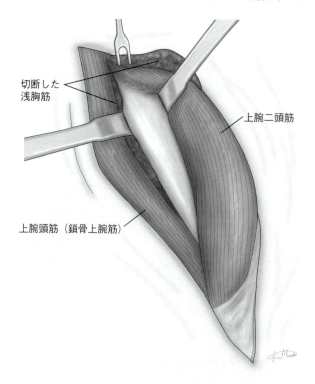

症例紹介／上腕骨骨幹の粉砕骨折

術前（頭尾側像）
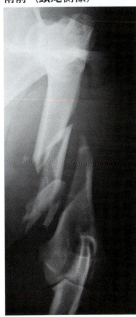

術前（側方向像）
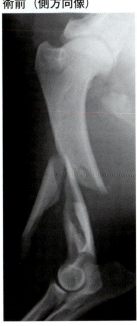

術後（頭尾側像）
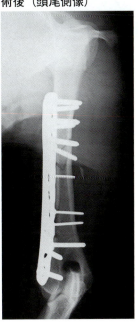

術後（側方向像）
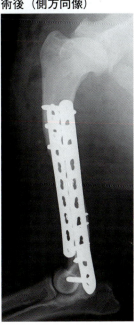

柴犬，4歳齢，雄，体重12.5kg。

上腕骨骨幹の粉砕骨折を2枚のロッキングプレートとラグスクリューで整復した。上腕骨の遠位骨端付近ではスクリューを設置できるスペースが狭いため，十分に展開した後に骨の構造を把握したうえでのインプラント設置が必要となる。なお，最遠位2本のスクリュー設置は筋皮神経および正中神経と尺骨神経の間より行っている（本文手順6参照）。

第3章 2
上腕骨骨幹への外側アプローチ

適用

上腕骨の外側は弯曲が強いため，プレートを用いた整復が難しい。よって，上腕骨の外側アプローチは，おもに近位骨幹1/2で生じた骨折に適用される。上腕骨の外側には，上腕筋とそれに並走する橈骨神経（浅枝の内側枝および外側枝と深枝）が存在するため，骨幹遠位1/3の露出が難しい。とくに整復すべき骨折端が上腕筋の直下に位置する場合には，内側アプローチを選択するほうが整復は容易である。それでも骨幹骨折に外側上顆付近の骨折が併発している場合など，1つの術創から手術を行う場合には必要となるアプローチである。

- 上腕骨骨幹近位1/2の骨折整復
- 上腕骨骨幹と外側上顆付近の併発骨折の整復

アプローチのポイントと注意点

術中は，上腕筋およびその表層を走行する橈骨神経を損傷しないように細心の注意を払う。橈骨神経は，体表に近い位置を走行するため術中の視認は容易であるが，それだけに筋膜を切開する際には医原性の損傷に十分に注意すべきである。また，上腕の外側より受けた強い外力によって上腕骨骨折を生じた動物では，橈骨神経に挫傷が認められる場合がある。

ランドマークと皮膚切開

上腕骨の大結節，外側上顆をランドマークとする。骨幹への部分的なアプローチであっても，術中のアライメント確認のために骨全長を術野から視認できるようドレーピングを行う。また，自家海綿骨移植が必要な場合に供えて上腕骨の大結節は術野に入れておくべきである。上腕骨の大結節から外側上顆に向けて皮膚を切開し，切開の範囲は手術部位によって適宜調整する。

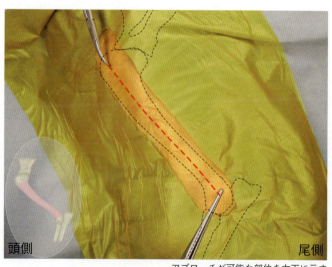

頭側　尾側

アプローチが可能な部位を左下に示す

手順

1. 皮膚切開の直下に尾背側から頭腹側へ斜走する腋窩上腕静脈が現れる。

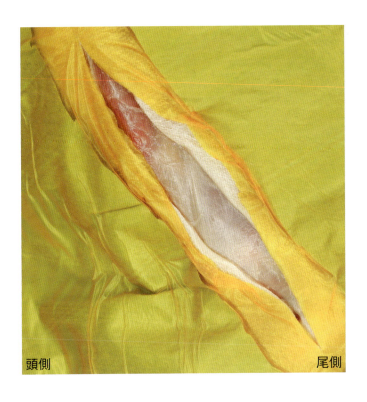

頭側　　尾側

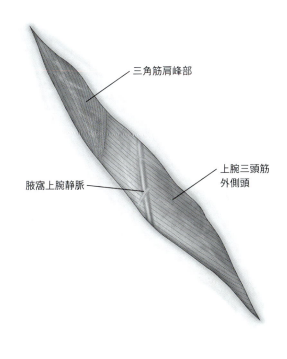

三角筋肩峰部
腋窩上腕静脈
上腕三頭筋外側頭

2. 皮下の結合組織を剥離し，腋窩上腕静脈を橈側皮静脈との吻合部の近位で結紮・切離する（点線）。

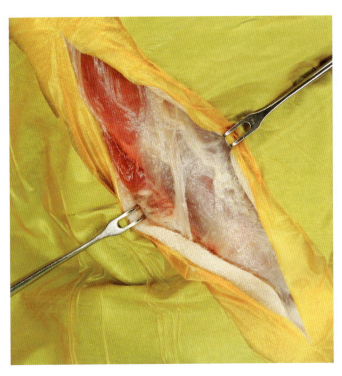

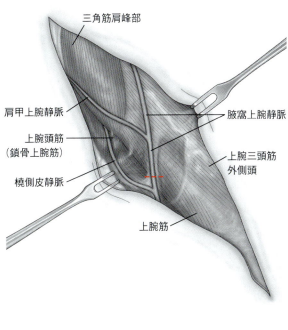

三角筋肩峰部
肩甲上腕静脈
上腕頭筋（鎖骨上腕筋）
橈側皮静脈
腋窩上腕静脈
上腕三頭筋外側頭
上腕筋

3 深部筋膜は，三角筋肩峰部および上腕三頭筋外側頭の頭側縁で鋭性に切開し（点線），切離した腋窩上腕静脈や橈側皮静脈は上腕頭筋（鎖骨上腕筋）とともに頭側へ牽引する．とくに，上腕三頭筋外側頭における頭側縁の筋膜直下には橈骨神経が走行しているため，この部分の筋間分離を行う際には細心の注意を払う必要がある．

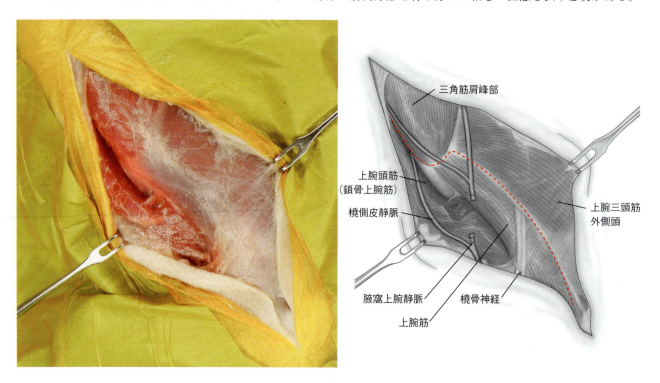

4 上腕三頭筋外側頭を尾側へ牽引すると，その直下に橈骨神経および上腕筋が現れる．この写真では，三角筋肩峰部の頭側縁の筋膜には切開を加えていない．

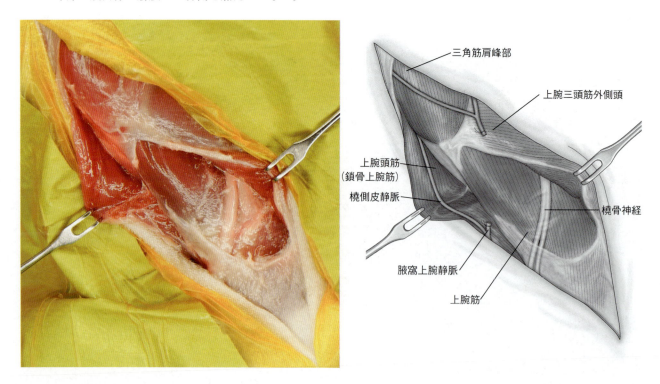

5 橈骨神経と上腕筋は神経テープで一緒に確保し，露出したい部位に応じて頭側（上図）もしくは尾側（下図）に牽引しながら手術を実施する．橈骨神経と上腕筋は切断できないため，上腕筋直下に骨折端がある骨折では整復が難しくなる．さらに近位へアプローチする場合には，三角筋肩峰部の頭側縁と浅胸筋の筋間より上腕骨頭側面へアプローチすることができる．この場合には浅胸筋を上腕骨終止部で切離し（点線；この写真では皮膚に隠れている），大結節までの外側および頭側面へアプローチする．

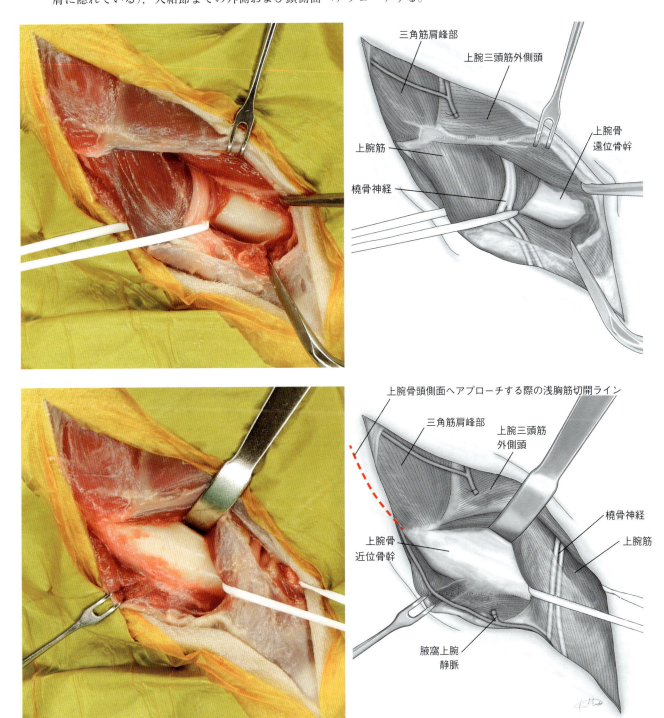

症例紹介／上腕骨骨幹の長斜骨折

術前（頭尾側像）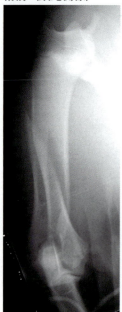

術前（側方向像）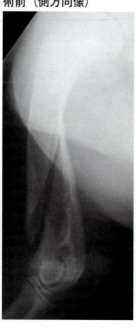

術後（頭尾側像）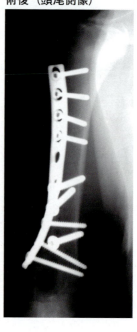

術後（側方向像）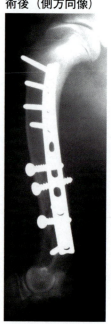

グレート・ピレニーズ，7カ月齢，雌，体重26.0kg。

　上腕骨骨幹の長斜骨折をコンベンショナルプレートとラグスクリューで整復した。外側アプローチでは，上腕筋とその表層を走行する橈骨神経を保護しながらの整復が必要なうえに，プレートのベンディングが難しくなるため，特別な理由がない限りは内側からのアプローチが推奨される。また，上腕筋と橈骨神経を保護するために骨折端を上方に引き上げることができないため，長斜骨折では骨軸方向への牽引が可能な器具がないと完全な整復は難しい。

第3章-3 上腕骨遠位骨端への前外側アプローチ

適用

おもに上腕骨外側上顆および外側上顆稜における骨折整復時に適用され，とくに上腕骨滑車を前外側より観察できるのが特徴である．しかし，上腕骨外側上顆の骨折の場合は上腕骨滑車の詳細な観察ができないため，骨折端の正確な整復が難しくなる．同時に，ラグスクリューの設置角度を決めることが難しいため，上腕骨外側上顆の骨折の整復には，同時に内側上顆を直視下に置ける「4-4 肘頭の骨切りによる肘関節への後方アプローチ」を適用するほうがよい．

- 上腕骨外側上顆および上腕骨外側上顆稜の骨折整復
- 上腕骨顆間骨化不全症における予防的手術
- 上腕骨小頭の骨折整復
- 肘関節脱臼の整復（「4-3 肘関節への後外側アプローチ」を併用）

アプローチのポイントと注意点

橈側手根伸筋の上腕骨付着部を剥離して関節内へアプローチするため，上腕骨遠位外側に起始する伸筋群（橈側手根伸筋，総指伸筋，外側指伸筋，尺側手根伸筋）を術中に確実に同定することが重要である．これらのなかで橈側手根伸筋は最も頭側かつ近位に位置し，この筋のみは外側上顆ではなく，外側上顆稜の広い領域から起始しているため，見分けるのは比較的容易である．また，本稿では上腕骨のみへのアプローチを解説しているが，肘関節脱臼の整復などで橈骨頭を同時に露出する場合には，橈側手根伸筋と総指伸筋の筋間を分離し，外側上顆と橈骨頭を露出する．その際は，回外筋の下層を走行する橈骨神経深枝（「5-1 橈骨頭への外側アプローチ」参照）を損傷しないよう注意する必要がある．

ランドマークと皮膚切開

上腕骨の外側上顆および肘頭をランドマークとして皮膚の切開位置を決定する．外側上顆を通るラインで上腕骨の遠位から橈骨の近位までを上腕骨と橈骨の骨軸に沿って切開するが，皮膚切開の範囲は手術の内容によって適宜調整する．

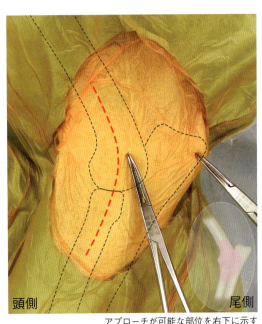

アプローチが可能な部位を右下に示す

手順

1 皮膚切開と同じ位置で皮下組織を切開すると，上腕三頭筋外側頭の筋膜より続く結合組織の下層に，頭側から順に並ぶ橈側手根伸筋，総指伸筋，外側指伸筋および尺側手根伸筋が現れる。しかし，この時点では深部筋膜に覆われているため筋間の同定が難しい。指で上腕骨の外側上顆稜を触知し，上腕骨の頭側縁に沿って筋膜を鋭性に切開する（点線）。ただし，橈側手根伸筋の近位には橈骨神経が走行しているため，術創を近位へ拡大する場合は十分に注意する必要がある。

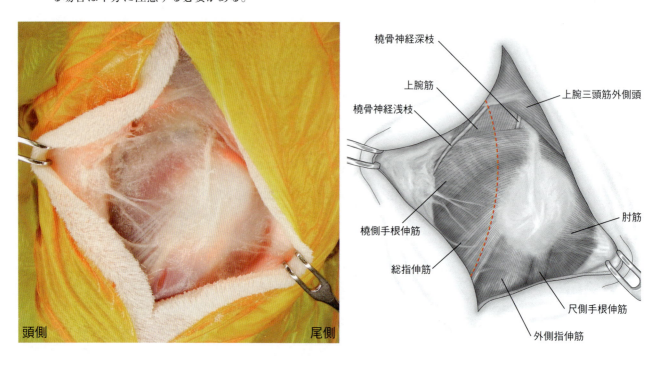

2 筋膜を切開し，頭側へ牽引すると，その下層に橈側手根伸筋，総指伸筋が確認できる。同様に尾側へ牽引すると，外側上顆稜より起始する肘筋が確認できる。橈側手根伸筋の起始部を鋭性に切開する（点線）。

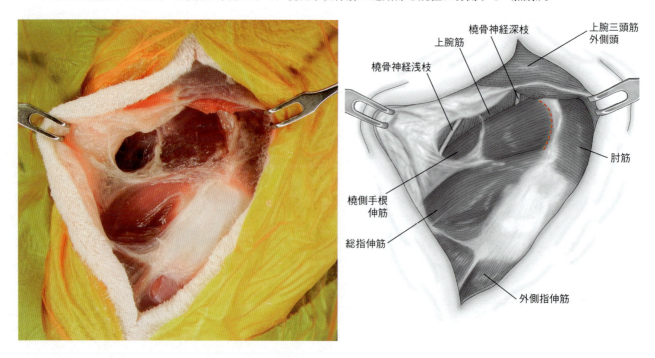

3 橈側手根伸筋の起始部を鋭性に切開すると関節包へ頭側よりアプローチできる．閉創する際には，切離した橈側手根伸筋は肘筋の頭側縁に縫着する．

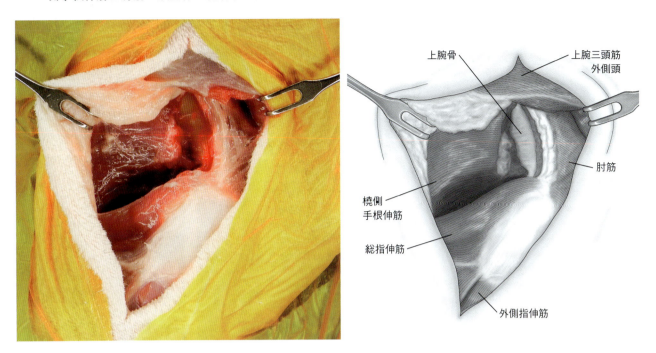

4 橈側手根伸筋の下層にある関節包を鋭性に切開し，前腕を外旋すると上腕骨滑車を観察することができる．

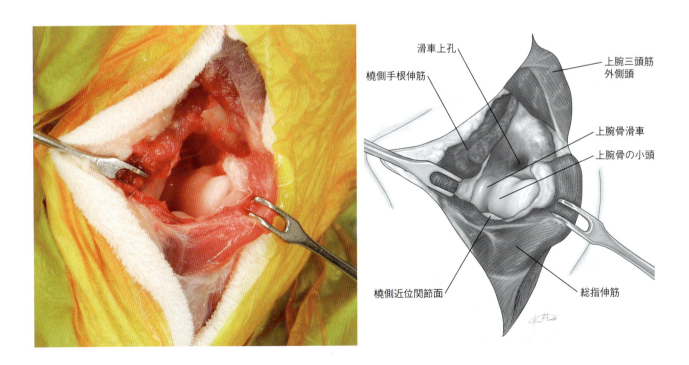

症例紹介／肘関節脱臼

術前（頭尾側像）
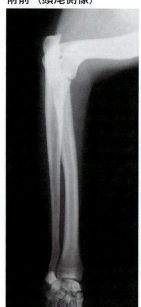

術前（側方向像）
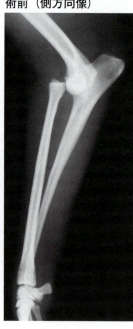

術後（頭尾側像）
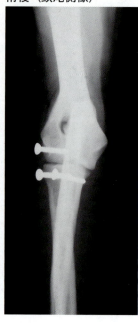

術後（側方向像）
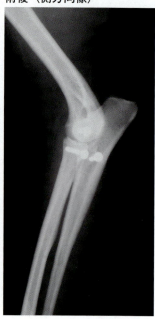

雑種犬，11歳5カ月齢，雄，体重6.95kg。

　腕橈関節および橈尺関節のみに生じた肘関節脱臼をアンカースクリューと人工糸にて整復した。本症例では本法と「5-1 橈骨頭への外側アプローチ」の両方でアプローチを行い，整復している。腕尺関節に脱臼は認められなかったため，前外側アプローチにて外側側副靱帯と輪状靱帯のみを再建して整復した。尺骨外側面のアンカースクリューは，皮膚切開範囲を広くとったうえで，外側指伸筋と尺側手根伸筋の筋間よりアプローチして設置し，輪状靱帯を再建するための人工糸は外側指伸筋の下を通して締結している。

第4章 肘関節へのアプローチ

1 円回内筋切断による肘関節への内側アプローチ
2 筋間分離による肘関節への内側アプローチ
3 肘関節への後外側アプローチ
4 肘頭の骨切りによる肘関節への後方アプローチ

第4章 1
円回内筋切断による肘関節への内側アプローチ

適用

　内側鉤状突起離断における外科的治療時に適用されるアプローチである。内側鉤状突起へのアプローチには，橈側手根屈筋と浅指屈筋の筋間を分離する方法（「4-2 筋間分離による肘関節への内側アプローチ」）と円回内筋を切断する方法がある。円回内筋の切断によるアプローチでは，前者と比較して視野が広いことに加え，内側鉤状突起を前内側より観察することができるため，内側鉤状突起の離断が先端に限定される場合や，頭側へ変位している場合には手術が容易になる。なお，円回内筋と橈側手根屈筋の筋間からもアプローチは可能であるが，正中神経と上腕動脈・静脈を直視下に置くことができないため，これらを医原性に損傷するリスクが高くなる。

・内側鉤状突起離断の処置

アプローチのポイントと注意点

　円回内筋の下層には，正中神経と上腕動脈・静脈が走行しているため，筋の切断時にこれらを損傷しないよう注意する。また，切断した円回内筋は，閉創時に確実に縫合する必要がある。

　アプローチ時には，円回内筋，橈側手根屈筋および浅指屈筋が術創に現れる。これらはいずれも上腕骨内側上顆より起始する筋であり，隣接しているために間違えやすい。確実に筋の同定ができるよう，局所解剖を熟知しておく必要がある。

ランドマークと皮膚切開

　上腕骨の内側上顆および肘頭をランドマークとして皮膚の切開線を決定する。上腕骨の遠位から橈骨近位の領域で内側上顆のやや頭側寄りを上腕骨と橈骨の骨軸に沿って皮膚を切開する。橈骨側における皮膚の切開が短いと筋の同定が難しくなる。

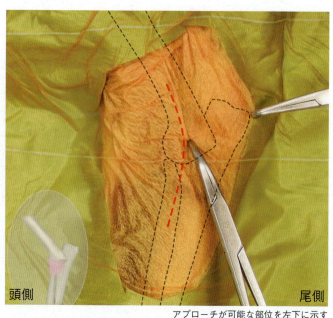

アプローチが可能な部位を左下に示す

手順

1 皮膚切開と同じ位置で皮下組織を切開すると，頭側から順に円回内筋，橈側手根屈筋および浅指屈筋を確認することができる．各筋は筋膜に覆われているため筋間が不明瞭であるが，円回内筋と橈側手根屈筋の筋間は比較的認識しやすい．一方，橈側手根屈筋と浅指屈筋の筋間は筋膜を切開しなければ確認することが難しい．

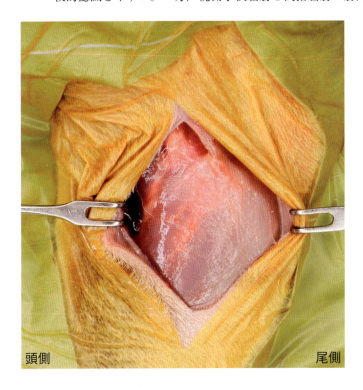
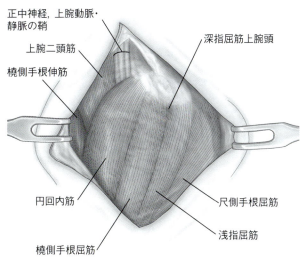

2 上腕骨内側上顆より起始する筋群のなかで円回内筋を見分けるには，筋線維の方向で判断するとよい．円回内筋の筋線維は頭側に向かっているのに対し，ほかの筋は橈骨の骨幹と並行に遠位に向かっている．写真では円回内筋と橈側手根屈筋の筋間を分離してある．

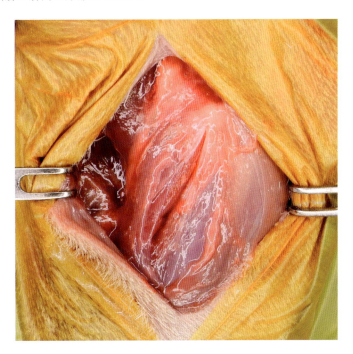

3 円回内筋のみを分離し，神経テープで頭側に牽引する。この際，円回内筋の下層を走行する正中神経と上腕動脈・静脈を神経テープ内に巻き込んでいないことを確認する。円回内筋は後に縫合することを考慮し，上腕骨側で，かつ縫い代を残して切断する（点線）。

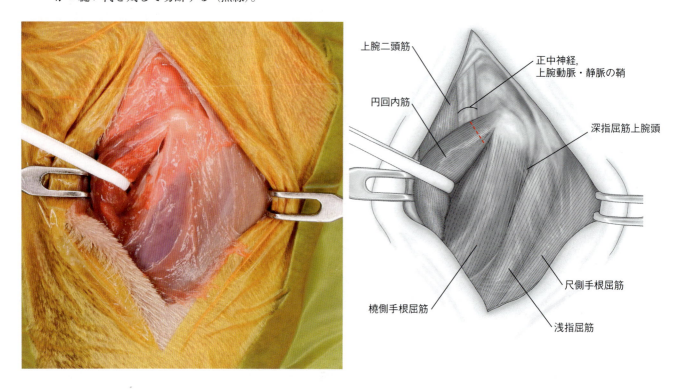

4 写真は，円回内筋を切断した後の状態である。肘関節包は円回内筋の下層やや尾側寄りに存在するため，これを鋭性に切開して（点線）内側鉤状突起へアプローチする。このとき，円回内筋の下層やや頭側を正中神経と上腕動脈・静脈が走行しているため，これらを損傷しないよう十分に注意する。

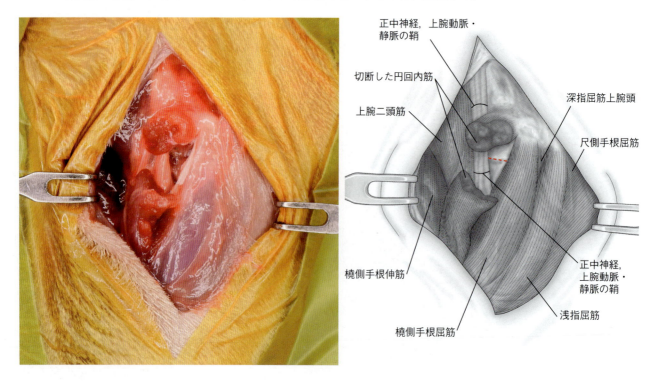

5 関節包を切開すると上腕骨滑車の関節面と内側鉤状突起を確認することができる。この際，患肢の前腕を内旋させると内側鉤状突起を観察しやすくなる。

閉創する際は，関節包および円回内筋を確実に縫合する。本法では，侵襲は大きくなるが，術創が広くなるため内側鉤状突起全体を観察することができる。

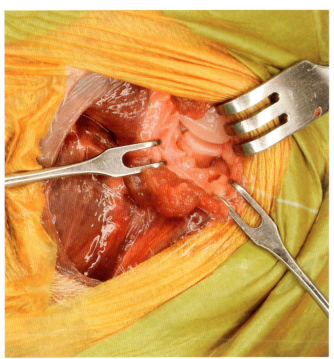
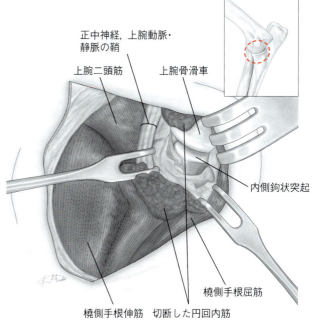

正中神経，上腕動脈・静脈の鞘
上腕二頭筋
上腕骨滑車
内側鉤状突起
橈側手根屈筋
橈側手根伸筋　切断した円回内筋

症例紹介／内側鉤状突起離断

術前（頭尾側像）　術前（側方向像）　術前（CT画像）　術中画像

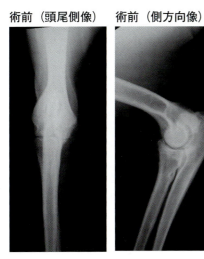
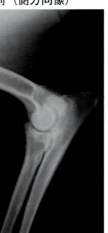
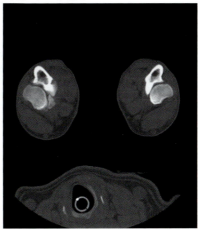
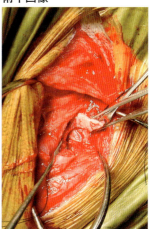

バーニーズ・マウンテン・ドッグ，2歳1カ月齢，雌，体重40.0kg。

片側のみに発症した内側鉤状突起離断である。内側よりアプローチし，離断した内側鉤状突起を摘出した。本症例では円回内筋を切断してアプローチし，閉創時には筋の縫合を行った。筆者の経験上，円回内筋切断の有無で術後の歩様に違いを感じたことはない。「4-2 筋間分離による肘関節への内側アプローチ」では，頭側へのアプローチ範囲が若干狭くなる。離断した骨片の位置や術中に必要な操作によって使い分けるとよい。

筋間分離による肘関節への内側アプローチ

適用

　橈側手根屈筋と浅指屈筋の筋間から内側鉤状突起へアプローチする方法である．本法では，円回内筋切断法（「4-1 円回内筋切断による肘関節への内側アプローチ」）と比較して内側鉤状突起の尾側部分の視野が得られる．内側鉤状突起の離断部位が尾側の場合や，骨膜に覆われて離断部位を確認しにくい場合に有用である．しかし，離断した内側鉤状突起が頭側へ変位している場合には，本法では摘出が難しくなる．

・内側鉤状突起離断の処置

アプローチのポイントと注意点

　本法では，外科的侵襲が小さい分，円回内筋を切断する方法と比べると術野が狭くなる．また，橈側手根屈筋と浅指屈筋の筋間は確認しにくいため，関節内へのアプローチを開始する前に確実に筋を同定する必要がある．

ランドマークと皮膚切開

　上腕骨の内側上顆および肘頭をランドマークとして皮膚の切開線を決定する．上腕骨の遠位から橈骨近位の領域で，内側上顆を通るラインで上腕骨と橈骨の骨軸に沿って皮膚を切開する．橈骨側における皮膚の切開が短いと筋の同定が難しくなる．

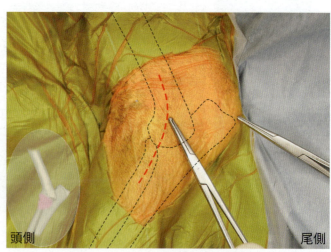

アプローチが可能な部位を左下に示す

手順

1. 皮膚切開と同じ位置で皮下組織を切開すると，頭側から順に円回内筋，橈側手根屈筋および浅指屈筋を確認することができる。各筋は筋膜に覆われているため，筋膜を鋭性に切開して筋間を確認する。

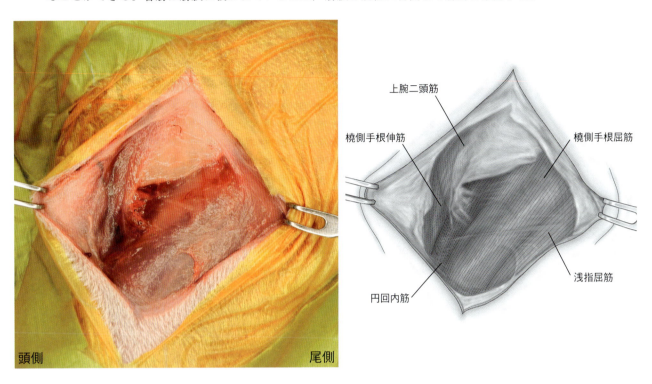

2. 必要であれば，円回内筋と橈側手根屈筋の筋間も同時に分離することで，頭側から円回内筋，橈側手根屈筋，浅指屈筋の順で並ぶ3つの筋を同定する。写真は，円回内筋，橈側手根屈筋，浅指屈筋のそれぞれの筋間を分離し，筋を確認している。本法では，橈側手根屈筋と浅指屈筋間を分離する（点線）。

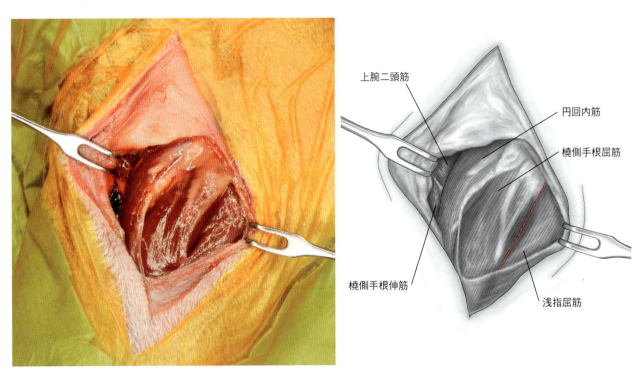

3 橈側手根屈筋と浅指屈筋を分離し，その下層の肘関節の関節包を点線の向きで鋭性に切開する．

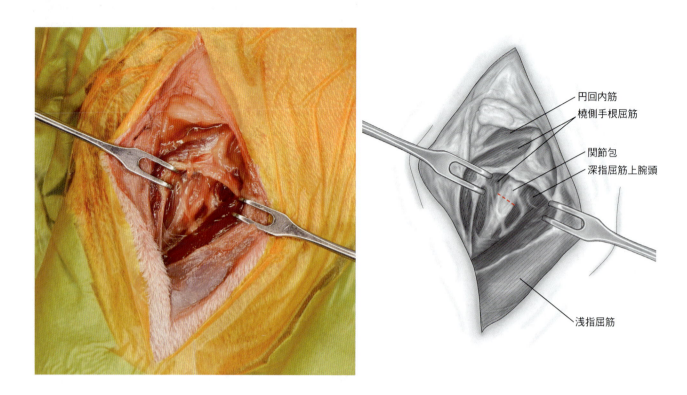

4 関節包を切開すると，上腕骨滑車と内側鉤状突起を観察することができる．閉創時には関節包および筋分離部分の表層筋膜を縫合する．本法では，最終的に得られる術野は狭くなるが，「4-1 円回内筋切断による肘関節への内側アプローチ」と異なり，アプローチの過程で正中神経および上腕動脈・静脈を医原性に損傷する可能性は低い．

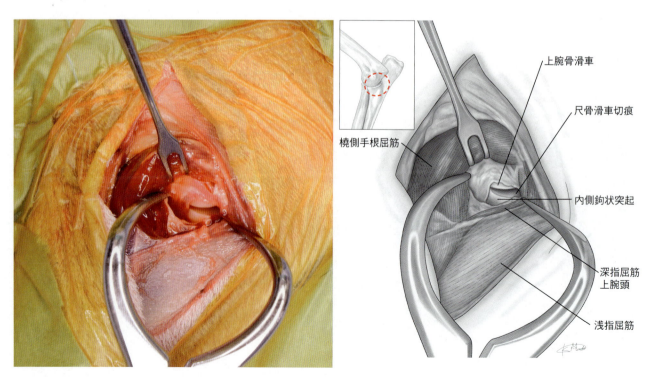

第4章 3

肘関節への後外側アプローチ

適用

　肘突起不癒合や外傷によって分離した肘突起を外科的に摘出あるいは整復する際に適用される．本稿では分離した肘突起を摘出することを想定して解説している．仮に，肘突起を整復する場合は，スクリューなどのインプラントを使用するため，尺骨近位の尾側面を同時に露出する必要がある．また，肘関節の外方脱臼を整復する際には，皮膚の切開範囲を拡大して「3-3 上腕骨遠位骨端への前外側アプローチ」を併用する．

- 肘突起不癒合によって分離した肘突起の摘出あるいは整復
- 外傷によって分離した肘突起の摘出あるいは整復
- 肘関節の外方脱臼の整復（「3-3 上腕骨遠位骨端への前外側アプローチ」を併用）

アプローチのポイントと注意点

　本法によるアプローチの過程では，とくに重要な神経や血管が術創に現れることはない．関節内へのアプローチ後は，肘を最大屈曲位まで曲げることで肘突起を観察することができる．

ランドマークと皮膚切開

　上腕骨の外側上顆および肘頭をランドマークとし，外側上顆と肘頭の間に触れる外側上顆稜の尾側縁に沿って，およそ上腕骨の遠位から尺骨近位の範囲で皮膚を切開する．皮膚切開の範囲は術式によって適宜調整する．

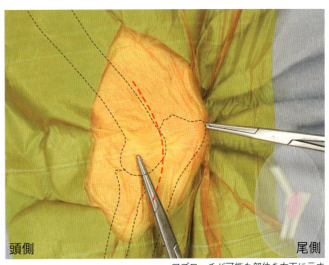

アプローチが可能な部位を右下に示す

手順

1. 皮膚切開と同じ位置で皮下組織を切開すると，尾側に上腕三頭筋外側頭から続く筋膜が現れる。筋膜を上腕骨の外側上顆稜の尾側縁に沿って切開する（点線）。

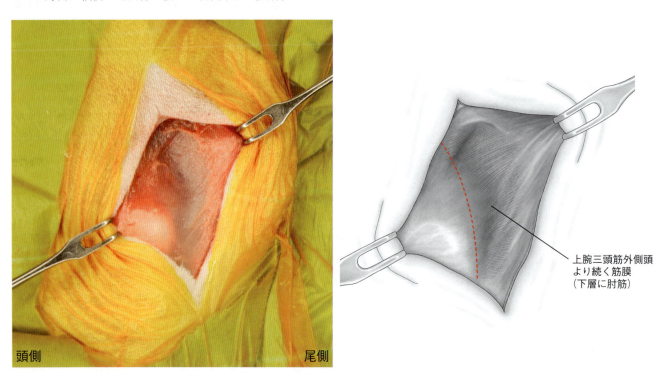

上腕三頭筋外側頭より続く筋膜（下層に肘筋）

頭側　　　尾側

2. 筋膜を上腕骨の外側上顆稜の尾側縁に沿って切開すると，外側上顆稜より起始し，尺骨近位骨端へ向かう肘筋が確認できる。肘筋を外側上顆稜の近くで鋭性に切開する（点線）。

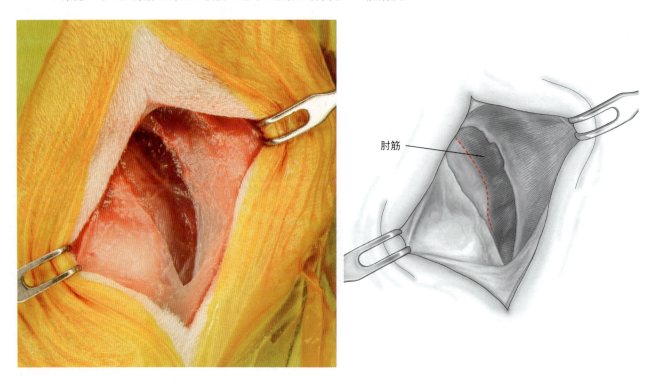

肘筋

3 上腕骨の外側上顆稜の近くで鋭性に切開した肘筋を尾側へ牽引すると，その下層に関節包を確認できるため，これを外側上顆稜の尾側で鋭性に切開する（点線）。

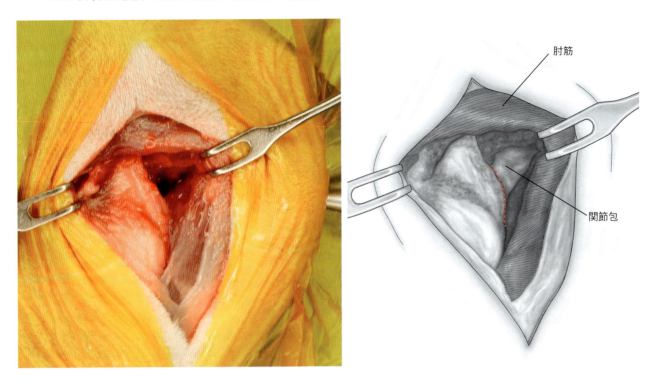

4 関節包を上腕骨の外側上顆稜尾側で鋭性に切開し，肘関節を最大位まで屈曲させると肘突起を確認することができる。

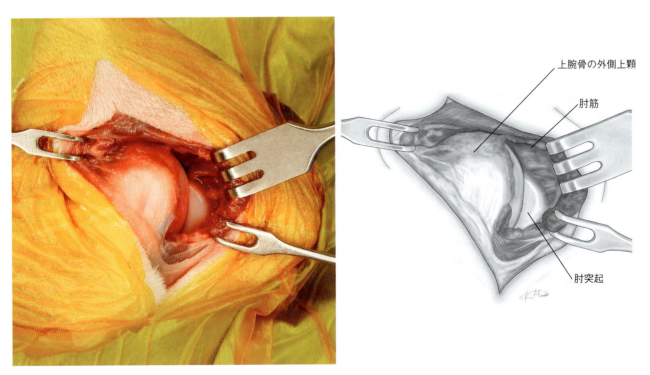

症例紹介／肘突起不癒合

術前（頭尾像） 術前（側方向像） 術前（側方向像） 術後（頭尾像） 術後（側方向像）

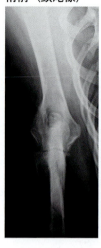 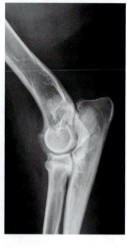 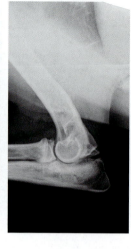 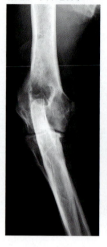 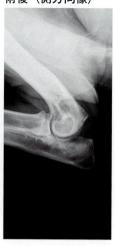

ジャーマン・シェパード・ドッグ，9カ月齢，雄，体重33.6kg。

　不癒合を生じた肘突起を肘関節への後外側アプローチによって摘出した。本法による肘関節内への経路には重要な神経と血管が存在しないため，アプローチは比較的容易である。筆者は不癒合を生じた肘突起の整復は経験がないが，ラグスクリューを設置する場合には，皮膚切開範囲を拡張し，「5-2 肘頭および尺骨近位骨幹への後方アプローチ」を併用する。

第4章 肘頭の骨切りによる肘関節への後方アプローチ

適用

　本法は，おもに上腕骨顆内側部および外側部の骨折や Y 字型骨折などの肘関節内骨折に加え，顆上骨折に適用される。肘頭の骨切りによって尾側の関節面が広く露出できるため，関節面の正確な整復が可能になる。また，上腕骨の内側上顆および外側上顆の両方を直視下に置くことができるため，顆間骨折整復時にラグスクリューを設置する方向を目視下で決定しやすい利点がある。

- 上腕骨遠位骨端および骨幹端の骨折整復
  - 上腕骨顆内側部および外側部の骨折
  - Y 字型および T 字型骨折

アプローチのポイントと注意点

　内側には内側上顆に接するように尺骨神経が走行しており，術中はこれを確実に保護する必要がある。肘頭の骨切りとともに上腕三頭筋を尾側に牽引しながら骨を露出するため，筋への侵襲は少ない。しかし，それよりも近位の内側では上腕三頭筋内側頭の直下に正中神経，筋皮神経，尺骨神経が走行し，外側の上腕三頭筋外側頭の直下には橈骨神経浅枝が走行している。これらの神経は後方からのアプローチでは視認することが難しいため，術創を過度に近位方向へ拡大することは避けるべきである。必要な場合には上腕骨への内側もしくは外側アプローチを併用する。また，若齢動物で肘頭の骨切りを行う場合には，必ず成長板を含めて骨切りを行うことが重要である。

ランドマークと皮膚切開

　上腕骨の内側上顆，外側上顆および肘頭をランドマークとする。ドレーピングは尺骨の近位 1/2，上腕骨の尾側全面が露出するように行っておく。尺骨近位から上腕骨遠位まで皮膚を切開する。皮膚切開の範囲は，術式によって適宜調整する。

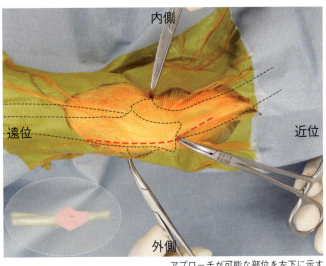

アプローチが可能な部位を左下に示す

手順

1 皮膚切開の直下に尺側手根屈筋，肘頭，上腕三頭筋が現れる。上腕三頭筋は筋間より分離して近位側へ牽引するため，その筋間が目視できるように，皮下組織を剥離しておく。上腕三頭筋内側頭の頭側縁から肘頭に至る筋膜に筋線維と平行に切開を加える（点線）。

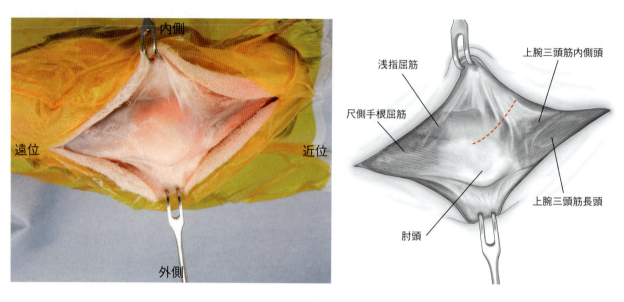

2 上腕三頭筋内側頭の頭側縁の筋膜を切開すると，その直下に尺骨神経が確認できる。神経を探す際のランドマークは上腕骨の内側上顆であり，内側上顆と肘頭を触知できれば，尺骨神経は必ず両者の間を上腕骨の内側上顆遠位に沿うように走行している。

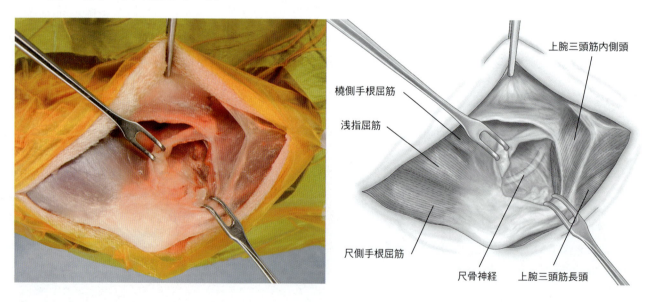

3 尺骨神経を鈍性に分離し，神経テープで確保しておく．尺骨神経は肘頭に近づくにつれて浅指屈筋と尺側手根屈筋の間より深部に移行するため，その位置まで鈍性分離を遠位方向に進めておく．

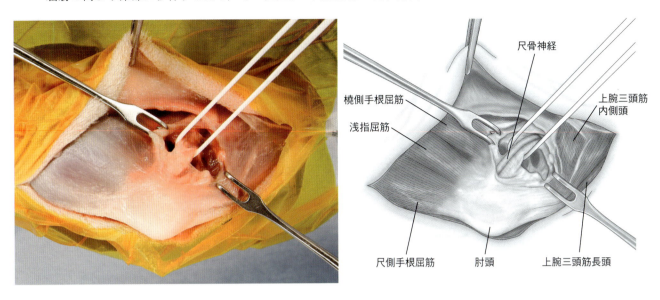

4 上腕三頭筋外側頭の頭側縁付近の筋膜に切開を加えた後，上腕三頭筋長頭，外側頭，内側頭および副頭をすべて含めるようにモスキート鉗子などを内側から外側へ向かって貫通させる．このとき，肘頭の骨切りは必ず尺骨神経が深部へ移行して目視できなくなる位置より近位側で行う．しかし，骨切りラインが近位側に近寄りすぎると切断した肘頭が小さくなり再付着が難しくなるため注意が必要である．

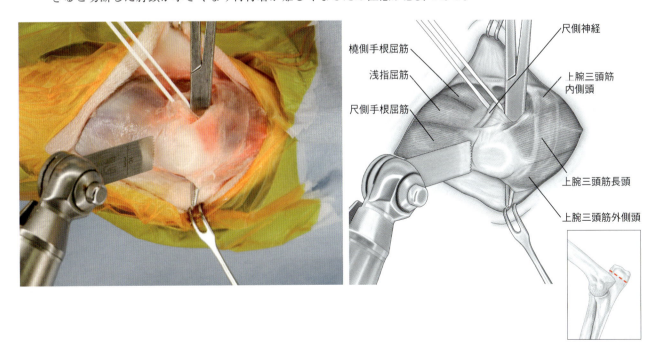

5 骨切りした肘頭を把骨鉗子で把持し，上腕三頭筋とともに尾側へ牽引すると関節包が現れる。尾側に牽引しにくい場合は肘頭外側に終止する肘筋を切断して構わない。関節包は顆間から滑車上孔への位置で縦切開する（点線）。

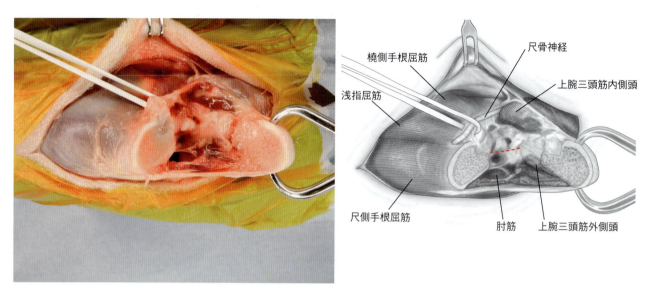

6 切開した関節包を内外側へ展開すると関節面が露出する。術中は常に尺骨神経を目視下に置き，医原性に損傷しないように注意する。

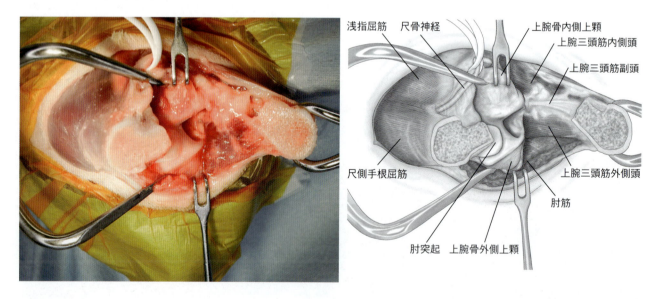

7 ホーマンリトラクター2本の先端を内外側から上腕骨頭側面に挿入し，これを開くように上腕三頭筋および肘筋を内外側へ避けることで術創を拡大する．この際，上腕骨の内側には正中神経と上腕動脈・静脈が走行するため，ホーマンリトラクターの先端は必ず骨膜に接するように挿入する．また，猫では上腕骨内側上顆近位に顆上孔が存在し，ここを正中神経と上腕動脈が走行しているため，注意が必要である．術野は必要に応じて近位側に延長できるが，近位側は上腕三頭筋内側頭の直下に正中神経と筋皮神経，外側では上腕三頭筋外側頭の直下に橈骨神経浅枝が走行するため，上腕三頭筋の筋間分離を過度に近位側へ進めることは避ける．四肢が短い品種で遠位骨幹端の露出が難しい場合は，上腕骨を上方に引き上げると手術が容易になる．

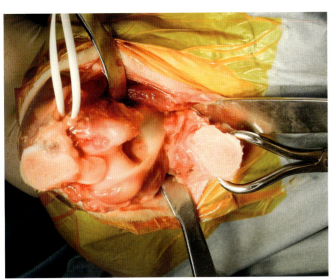
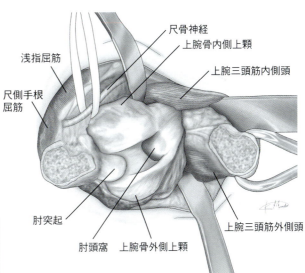

症例紹介／上腕骨顆外側部の骨折

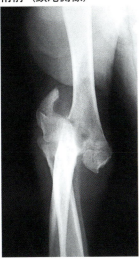
術前（頭尾側像）

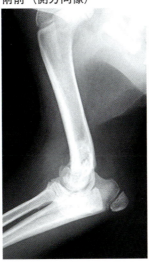
術前（側方向像）

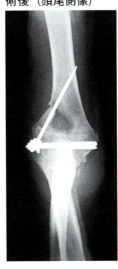
術後（頭尾側像）

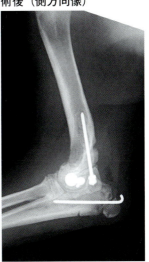
術後（側方向像）

ボーダー・コリー，3カ月齢，雌，体重6.2kg．

若齢期の犬に生じた上腕骨顆外側部の骨折において，顆間骨折をラグスクリューで，外側上顆骨折をピンで整復した．若齢期に多いこの骨折では，成長板の伸長を阻害しない位置にラグスクリューを設置することが望ましい．この骨折の整復には，肘頭の骨切りを行わない外側からのアプローチも報告されているが，筆者には経験がないため本書からは割愛した．本法では，顆間の骨折端において成長板の境界を直視できるため，より適切な位置にラグスクリューを設置することが可能となる．また，本症例は若齢であったため，骨切りを行った肘頭の再付着で適用したテンションバンドワイヤー法には軟性ワイヤーの代わりに吸収性縫合糸を使用した．

第5章 橈尺骨および手根関節へのアプローチ

1. 橈骨頭への外側アプローチ
2. 肘頭および尺骨近位骨幹への後方アプローチ
3. 尺骨骨幹への外側アプローチ
4. 橈尺骨への前方アプローチ
5. 手根関節への外側アプローチ
6. 手根関節への内側アプローチ
7. 手根関節から中手骨への前方アプローチ

第5章 1
橈骨頭への外側アプローチ

適用

おもな適用は，肘関節の脱臼および橈骨頭付近における骨折整復である．本稿では，橈骨頭のみへの外側アプローチを解説しているが，脱臼整復などの際に，上腕骨の外側上顆へアプローチする必要がある場合は，切開を近位まで延長する．

・肘関節脱臼の整復　　　　　　　　　　　　　　・橈骨頭付近の骨折整復

アプローチのポイントと注意点

橈骨頭へは，橈側手根伸筋と総指伸筋の筋間よりアプローチし，この下層にある回外筋を橈骨より剥離する必要があるが，回外筋の下を橈骨神経深枝が走行しているため，これを損傷しないよう注意する必要がある．

ランドマークと皮膚切開

上腕骨の外側上顆および橈骨頭をランドマークとして，これらを通るラインで皮膚を切開する．皮膚切開の範囲は手術の内容によって適宜調整するが，橈側手根伸筋と総指伸筋を確実に同定するために，これらの起始部である上腕骨の外側上顆とその頭側縁を露出できる範囲で皮膚切開を行う．

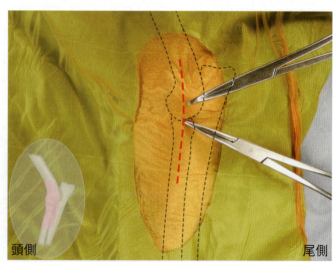

頭側　　　　　　　　　　　　　　　　　　尾側

アプローチが可能な部位を左下に示す

手順

1. 皮膚切開と同じ位置で皮下組織を切開すると，筋膜下に頭側より順に並ぶ橈側手根伸筋と総指伸筋が露出する。上腕骨の外側上顆とその近位側の外側上顆稜を指で触知し，ここから起始する筋を同定する。橈側手根伸筋は外側上顆ではなく，外側上顆稜の頭側縁より起始し，総指伸筋は外側上顆より起始している。この部分の解剖に関しては「3-3 上腕骨遠位骨端への前外側アプローチ」を参照されたい。橈側手根伸筋と総指伸筋の筋間を鋭性に切開する（点線）。

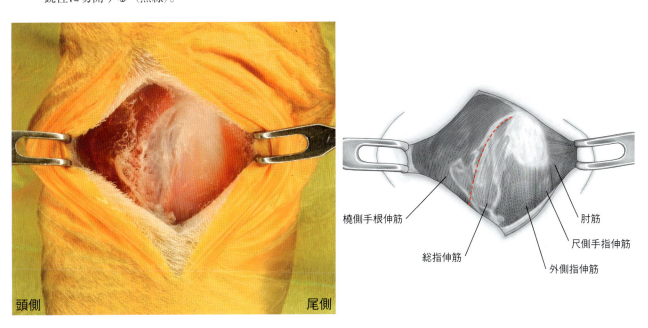

2. 橈側手根伸筋と総指伸筋の筋間を鋭性に切開後，それぞれを頭尾側へ牽引するとその下層に上腕骨の外側上顆より起始し，橈骨近位頭側面に向かって扇状に広がる回外筋が確認できる。橈骨近位の頭側面を露出するためには回外筋を橈骨より剥離する必要があるが，この下層を橈骨神経深枝が走行しているため，これを損傷しないよう注意する。

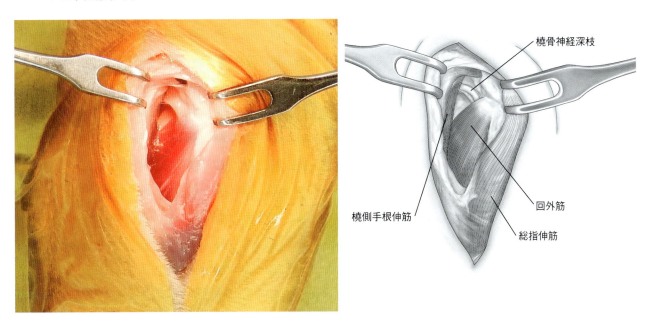

3 橈骨より剥離した回外筋を頭側へ牽引すると橈骨近位の骨端が露出する。写真では関節包とともに輪状靱帯および側副靱帯が切離されている。閉創時にはこれをしっかりと縫合する。

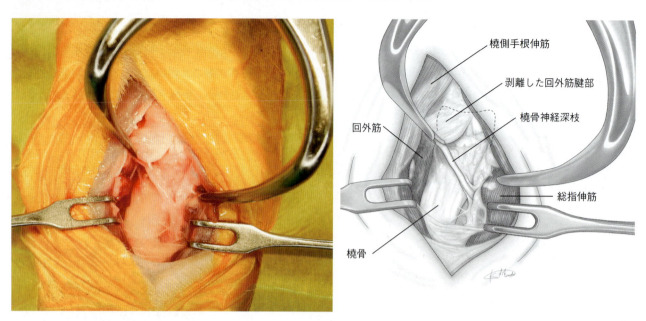

症例紹介／肘関節内方脱臼

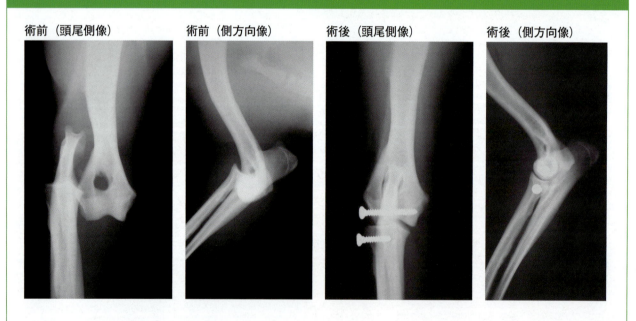

術前（頭尾側像）　術前（側方向像）　術後（頭尾側像）　術後（側方向像）

　ビーグル，2歳5カ月齢，雄，体重11.5kg。
　橈尺関節が温存された状態で生じた肘関節の内方脱臼である。橈骨頭と上腕骨外顆に設置したアンカースクリューと人工糸にて内側側副靱帯を再建して安定化した。多くの肘関節脱臼では，内外側の側副靱帯が損傷を受けるが，靱帯再建を目的として内側よりアプローチすることはない。本来，人工糸による再建は永続的なものではなく，関節周囲が線維化によって安定化するまでの一時的な支持として使用される。そのため，靱帯再建後も何らかの方法で一時的な関節の不動化は必要となる。本症例では，外副子固定で約3週間の不動化を行った。

肘頭および尺骨近位骨幹への後方アプローチ

適用

肘頭付近の骨折整復（モンテジア骨折を含む）や尺骨の骨切りがおもな適用となる。遠位では橈骨の外側に位置する尺骨は，近位ではその位置が尾側に変わる。ゆえに尺骨骨幹近位1/3のみのアプローチでは後方アプローチを適用するべきである。

- 肘頭付近の骨折整復（モンテジア骨折を含む）
- 尺骨骨幹近位1/3の骨切り

アプローチのポイントと注意点

尺骨へは尺側手根伸筋と尺側手根屈筋の間よりアプローチする。この部分に筋は存在せず，体表からも皮膚直下に骨を触れる部位であるため，筋の判別は容易である。尺骨遠位の露出では尺側手根伸筋は尾側に牽引するが（「5-3 尺骨骨幹への外側アプローチ」参照），近位では同筋を頭側へ牽引する。

ランドマークと皮膚切開

上腕骨の外側上顆と肘頭がランドマークとなるが，尺骨の近位では，肘頭から近位1/3の骨幹は皮膚の上からでも容易に触知できるため皮膚切開位置はわかりやすい。皮膚切開は肘頭の近位尾側から尺骨の骨軸に沿って骨の直上で行い，術式によって適宜切開範囲を調整する。

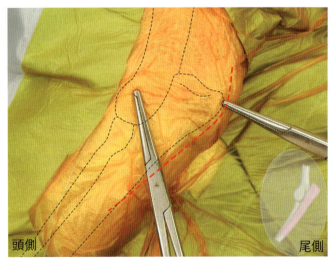

アプローチが可能な部位を右下に示す

手順

1 皮膚切開と同じ位置で皮下組織を切開すると，肘頭の外側を覆う肘筋と，尺骨の骨幹を挟んで外側に尺側手根伸筋，内側に尺側手根屈筋を視認することができる。尺骨近位の骨幹は筋膜の上から容易に視認できるため，外側では肘筋と尺側手根伸筋，内側では尺側手根屈筋の筋膜をそれぞれ尺骨の結合部で鋭性に切開する（点線）。

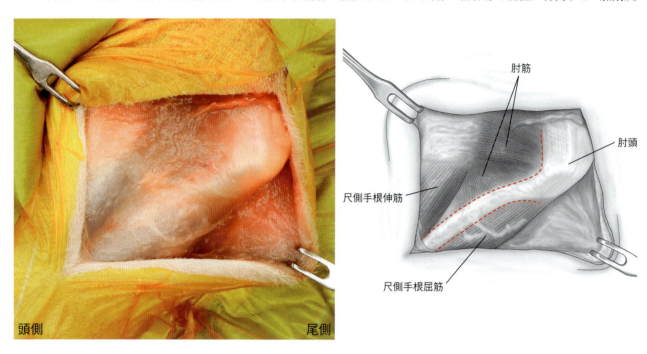

2 尺骨より剥離した尺側手根伸筋と肘筋を外側へ，尺側手根屈筋を内側へ牽引し，肘頭と近位骨幹を露出する。ただし，内側の近位では，尺側手根屈筋と深指屈筋の筋間を尺骨神経が走行しているため，これを損傷しないよう注意する。

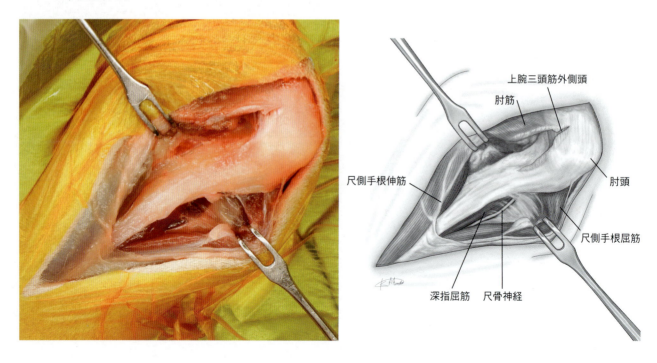

3. ホーマンリトラクターの先端を尺骨骨幹の頭側にかけ，内外側の筋を牽引して骨幹を露出する。

症例紹介／肘頭骨折

術前（頭尾側像）　　術前（側方向像）　　術後（頭尾側像）　　術後（側方向像）

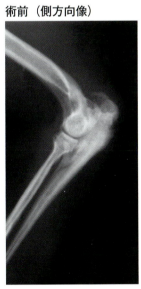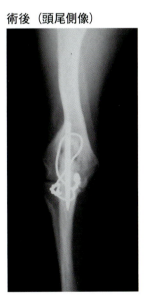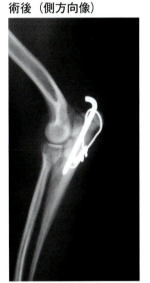

　チワワ，6カ月齢，雌，体重2.1kg。
　肘頭におけるSalter-Harris Type I 骨折をテンションバンドワイヤー法で整復した。肘頭にかかる軟性ワイヤーは，必ず上腕三頭筋腱の下を通るよう設置する必要がある。本症例は6カ月齢であったが成長板がほとんど閉鎖していたため，抜釘は実施しなかった。成長板の伸張が見込まれる若齢の症例では，軟性ワイヤーのみを数週間後に抜釘する。

第5章 3 尺骨骨幹への外側アプローチ

適用

　尺骨の骨幹遠位1/2における骨折整復，矯正骨切り術がおもな適用となる。尺骨骨幹のおよそ遠位1/2では尺骨が橈骨の外側に位置するが，近位では橈骨の尾側に位置する。ゆえに近位骨端および骨幹のみの露出が必要な場合は尾側よりアプローチするほうがよい（「5-2 肘頭および尺骨近位骨幹への後方アプローチ」参照）。橈尺骨骨折の場合，おもな整復対象は橈骨であるが，大型犬や手術までの待機期間が長い場合は，橈骨と尺骨を異なる術創から同時に整復するほうが，手術が容易になる。また，橈尺骨遠位の骨折では，多くの場合遠位の骨分節は外反変位を生じるが，尺骨の整復を橈骨に先んじて行っておくことで，手術後に前腕遠位に外反変形が発生するリスクを減らすことができる。

- 尺骨骨幹遠位1/2の骨折整復
- 尺骨骨幹遠位1/2の矯正骨切り術

アプローチのポイントと注意点

　尺骨へ外側よりアプローチする場合，術創には頭側から順に総指伸筋，外側指伸筋および尺側手根伸筋の腱が現れる。尺骨へは外側指伸筋と尺側手根伸筋の筋間よりアプローチするため，これらの筋を確実に同定する必要がある。また，尺骨の骨幹中央部より長第一指外転筋が起始しているため，骨幹を完全に分離する場合にはこの筋を鈍性に剥離する必要がある。

ランドマークと皮膚切開

　近位では橈骨頭の外側もしくは肘頭，遠位では尺骨の茎状突起をランドマークとして皮膚切開範囲を決定する。尺骨を外側より触知し，骨軸に沿って骨の直上を皮膚切開する。皮膚切開範囲は手術を行う部位によって適宜調整する。本稿では，尺骨の遠位1/2のみへのアプローチを解説する。

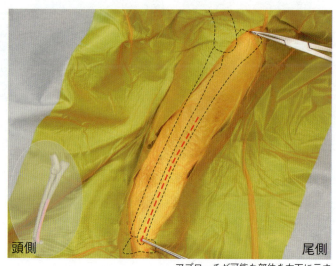

アプローチが可能な部位を左下に示す

手順

1. 皮膚切開と同じ位置で皮下組織を切開すると，頭側より順に並ぶ総指伸筋，外側指伸筋および尺側手根伸筋の腱を確認することができる。これらの腱のなかで，外側指伸筋の腱はほかの2つと比較して細いため，識別は容易である。外側指伸筋と尺側手根伸筋の腱の間の筋膜を鋭性に切開する（点線）。

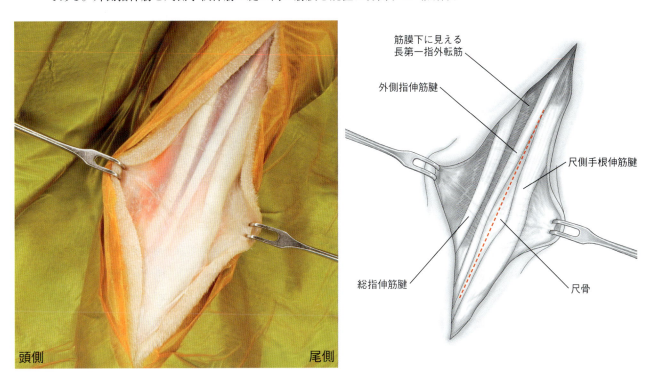

2. 外側指伸筋と尺側手根伸筋の腱の間の筋膜を鋭性に切開後，外側指伸筋腱を頭側，尺側手根伸筋腱を尾側へ牽引する。

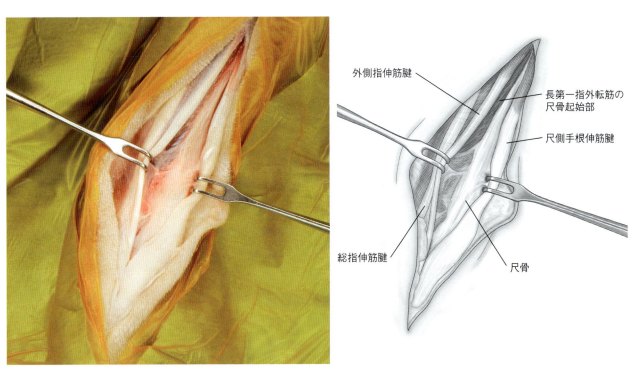

3 外側指伸筋と尺側手根伸筋の腱を尺骨より鈍性に剥離し，尺骨を露出する．尺骨の露出を近位側へ拡大する場合，尺骨骨幹中央の頭側面より起始している長第一指外転筋を鈍性に剥離する．

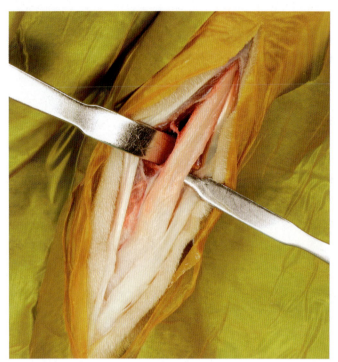
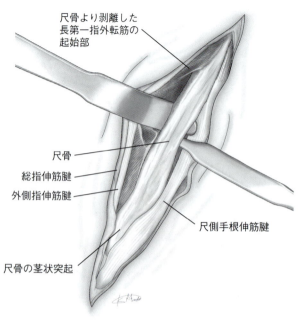

症例紹介／尺骨遠位成長板の早期閉鎖に伴う肘関節亜脱臼

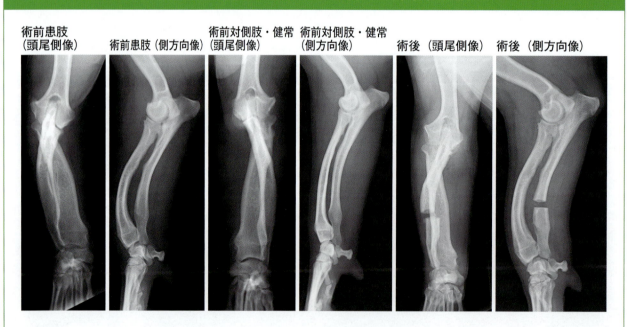

　雑種犬（ウェルシュ・コーギー×シェトランド・シープドッグ），1歳1カ月齢，雄，体重13.8kg．
　尺骨遠位成長板の早期閉鎖に伴う肘関節亜脱臼．この疾患による軽度の肘関節亜脱臼では，筆者は尺骨の骨切りを前腕骨間靱帯よりも遠位で行う．本症例では，骨成長期を過ぎてからの手術であったため，尺骨の骨切り幅は小さいが，月齢によって骨切りで除去する尺骨の長さを変える必要がある．若齢期に重症化する症例では，尺骨の骨切りを数回繰り返す必要がある．橈骨の変形が重度な場合は，尺骨の骨切りによって肘関節を温存しておき，骨成長の停止を待って橈骨の矯正骨切り術を実施することが多い．

橈尺骨への前方アプローチ

適用

おもに橈尺骨の骨折整復や矯正骨切り術時に適用される．本稿では，橈骨のほぼ骨幹全長を露出できるように皮膚切開範囲が広くなっているが，実際には整復を行う部位や整復方法によってその範囲と位置を適宜変える必要がある．本稿では橈骨へのアプローチ法を，骨幹中央，遠位および近位の3つに分けて解説する．

- 橈尺骨骨折の整復
- 橈尺骨の矯正骨切り術

アプローチのポイントと注意点

橈骨遠位1/3の頭側面に，外側骨幹中央より内側遠位へ向かって長第一指外転筋が走行し，ときにこの筋が整復の妨げになるが，可能な限り温存する．橈骨の頭側面には手根関節の伸展に重要な総指伸筋と橈側手根伸筋が存在するため，この筋を損傷しないよう注意する必要がある．橈骨遠位の骨幹端および骨端骨折では，関節面に隣接する部位にインプラントを設置することが多いため，術中には関節面を観察できるよう，関節内へのアプローチも必要となる．また，橈骨の整復後に尺骨の骨折端を観察し，骨の整合のみを修正する場合があるが，その際は切開した皮膚を外側へ牽引し，総指伸筋腱と外側指伸筋腱の間からアプローチすることも可能である．ただし，長いインプラントを設置する場合には，外側指伸筋腱と尺側手根伸筋腱の間よりアプローチするべきである（「5-3 尺骨骨幹への外側アプローチ」参照）．

ランドマークと皮膚切開

橈骨遠位内側端（解剖学的な部位名称なし）および尺骨の茎状突起をランドマークとし，橈骨の頭側正中の皮膚を切開する．切開する範囲は骨折の位置によって適宜調整する．写真では，橈骨全長を露出するために皮膚切開範囲を広くしている．

ただし，切開部位直下には橈側皮静脈が走行しているため，これを損傷しないよう注意する必要がある．

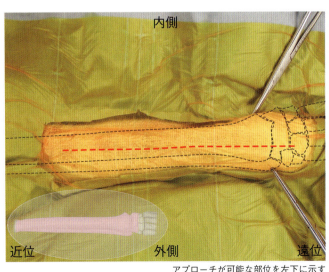

アプローチが可能な部位を左下に示す

手順

1 皮膚切開の直下に橈側皮静脈が確認できるため，皮下組織は橈側皮静脈の外側で切離し，これを内側へ避ける。

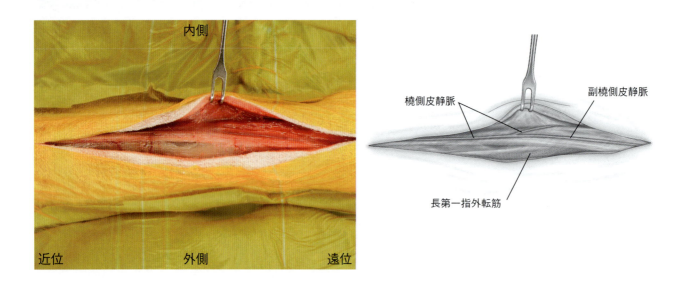

2 橈骨の骨幹中央部では，外側に総指伸筋，内側に橈側手根伸筋，その間を外側から内側遠位に向かって斜めに横切る長第一指外転筋がある。橈骨骨幹へのアプローチは，長第一指外転筋と橈側手根伸筋の筋間分離によって行い（点線），同時に長第一指外転筋は温存する。一方，橈骨近位では，総指伸筋と橈側手根伸筋の筋間がわかりにくいため，それぞれの腱部が白く確認できる位置を術創内に含めておき，そこから筋間分離を始めるほうがよい。総指伸筋と橈側手根伸筋は，長第一指外転筋が橈骨の頭側を横切る位置より遠位で腱部に移行する。ゆえに，筋間分離の取りかかりは，この付近から開始すると筋の同定が容易になる。

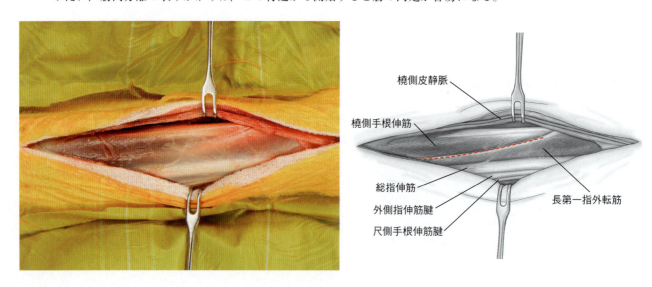

3 写真では，長第一指外転筋を神経テープにて外側遠位方向へ牽引し，骨幹を露出させている．この部分は橈骨頭側面で最も筋が少ない部位である．これ以降，この位置を境としてアプローチ法を遠位と近位に分けて解説する．

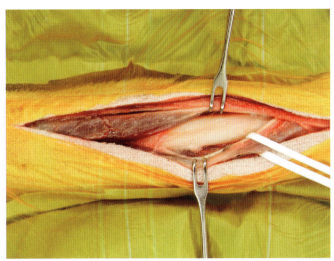
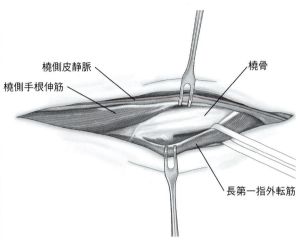

橈尺骨遠位へのアプローチ

4 写真は，橈骨骨幹中央へのアプローチを遠位へ延長したところである．橈骨の骨幹遠位では，橈側手根伸筋と総指伸筋の腱がそれぞれ橈骨骨軸に沿って内側と外側で平行に走行している．橈骨骨幹へのアプローチは，橈側手根伸筋と総指伸筋の間より行い，インプラントは長第一指外転筋の下層に設置する．橈骨の骨幹遠位では長第一指外転筋が一部骨幹の頭側面を覆うため，これがアプローチの妨げになることが多い．骨折の整復時には長第一指外転筋を神経テープなどで内外側に牽引しながら処置を行うとよい．

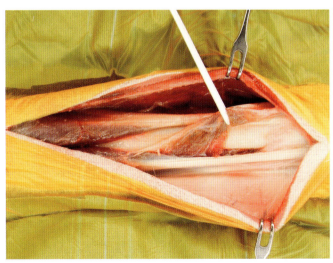
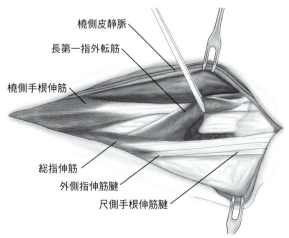

5 橈骨骨端へアプローチする場合には，橈骨頭側面に支帯によって比較的強く固定されている橈側手根伸筋腱および総指伸筋腱を遊離させる。

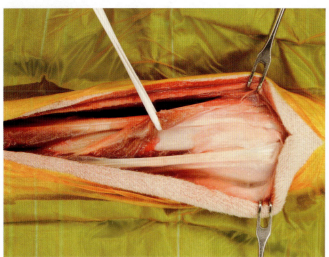 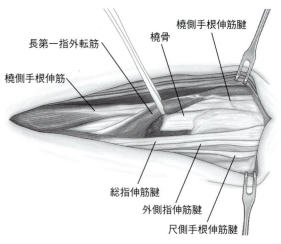

6 写真では，橈側手根伸筋腱と総指伸筋腱はそれぞれ内外側に牽引され，同時に関節包を切開することで橈骨遠位および橈側手根骨の関節面が見えている。橈骨遠位骨端へインプラントを設置する場合には，橈骨遠位関節面を視野に置きながら手術をするほうが関節内にインプラントが迷入するリスクが少ない。

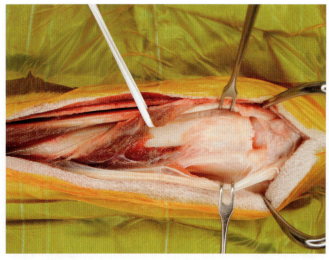 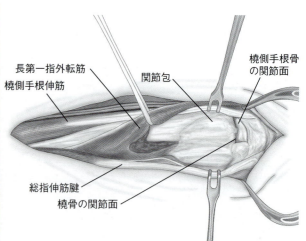

橈尺骨近位へのアプローチ

4 写真は，橈骨骨幹中央へのアプローチを近位へ延長したところである．筋および腱の分離は骨幹へのアプローチと同様に橈側手根伸筋と総指伸筋の間で行う．橈骨近位骨幹端では，内側に円回内筋，外側に回外筋が頭側面に付着している．

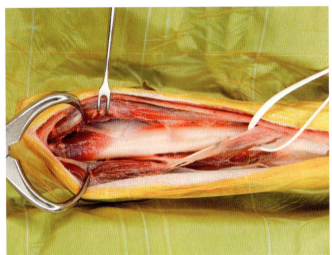
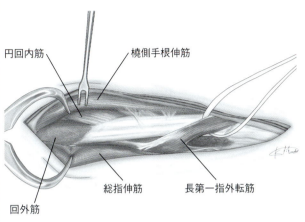

5 橈骨近位骨幹端の頭側面にインプラントを設置する場合には，円回内筋と回外筋の橈骨付着部を剥離する必要がある．ただし，回外筋および円回内筋の近位下層にはそれぞれ橈骨神経深枝と正中神経が走行するため（「4-1 円回内筋切断による肘関節への内側アプローチ」，「5-1 橈骨頭への外側アプローチ」参照），これらの筋を近位骨端領域まで剥離することは避けるべきである．

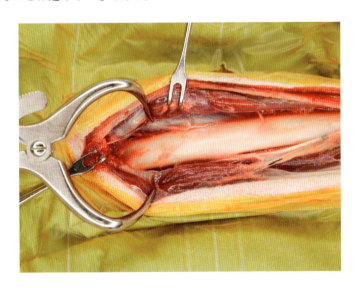

症例紹介／橈尺骨骨折

術前（頭尾側像） 術前（側方向像） 術前（頭尾側像） 術前（側方向像）

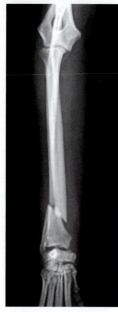 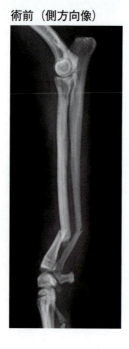  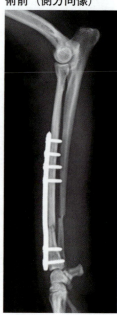

ポメラニアン，1歳2カ月齢，雌，体重2.9kg。

　橈骨遠位骨幹に生じた骨折をコンベンショナルプレートで整復した。この骨折の整復では，インプラントが関節の可動に干渉することがないよう，術中に橈骨遠位関節面の位置を視認できるアプローチを行うことが重要である。また，これによってプレートのスクリューホールを骨折線上に位置させないための微調整も容易になる。

第5章 手根関節への外側アプローチ

適用

尺骨茎状突起の骨折や手根関節脱臼時の整復がおもな適用となる。尺骨茎状突起からは外側手根側副靱帯が起始するため、この部分の骨折は確実に整復する必要がある。また、術創を尾側へ拡大することで副手根骨へのアプローチも可能となる。

- 尺骨茎状突起骨折の整復
- 手根関節脱臼の整復

アプローチのポイントと注意点

外側からのアプローチでは、術創に頭側から総指伸筋、外側指伸筋および尺側手根伸筋の腱が隣接して現れるため、これらの腱を確実に同定する必要がある。また、尺骨茎状突起の位置ではこれらの腱は伸筋支帯によって覆われているため、腱を分離するためには、支帯を鋭性に切開する必要がある。

ランドマークと皮膚切開

尺骨の茎状突起をランドマークとして、尺骨茎状突起の直上を通るラインで骨軸に沿って皮膚を切開する。整復を行う部位によって、切開範囲は適宜調整する。

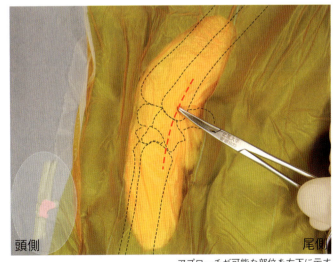

アプローチが可能な部位を左下に示す

手順

1. 皮膚切開と同じ位置で皮下組織を切開すると，尺骨茎状突起の上を走行する太い尺側手根伸筋腱と，その頭側を走行する細い外側指伸筋腱が現れる。伸筋支帯を外側指伸筋腱と尺側手根伸筋腱の間で鋭性に切開する（点線）。

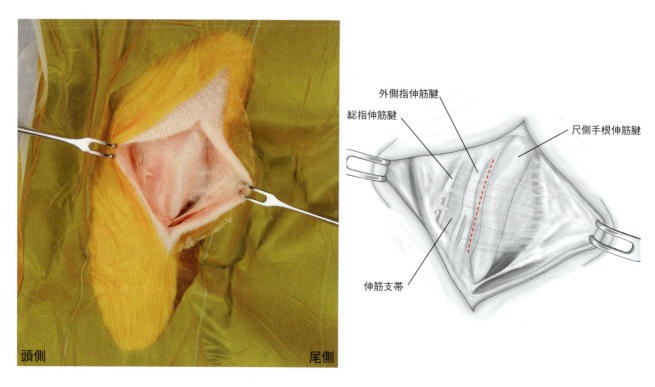

2. 伸筋支帯を外側指伸筋腱と尺側手根伸筋腱の間で鋭性に切開後，外側指伸筋腱を頭側へ，尺側手根伸筋腱を尾側へ牽引すると尺骨茎状突起が露出する。副手根骨へアプローチする場合には，尺骨茎状突起尾側でさらに伸筋支帯を鋭性に切開する（点線）。

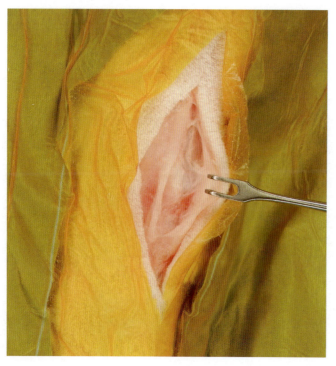
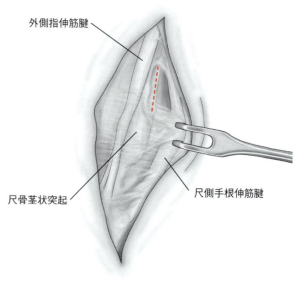

3 尺骨茎状突起尾側で伸筋支帯を切開後，尺側手根伸筋腱を強く尾側へ牽引する．このとき，伸筋支帯の尾側を走行する尺骨神経を損傷しないよう注意しながら関節包を切開する（点線）．

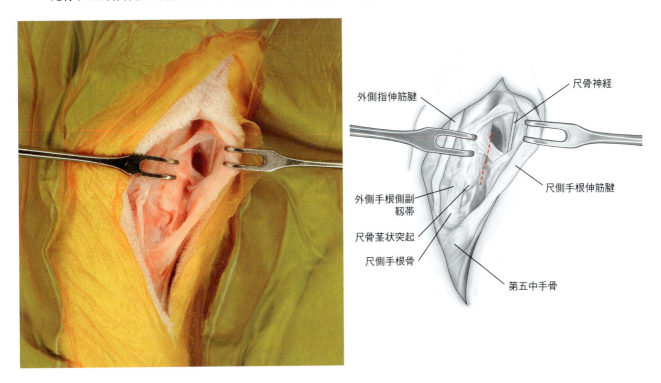

4 関節包を切開すると副手根骨の関節面を観察することができる．

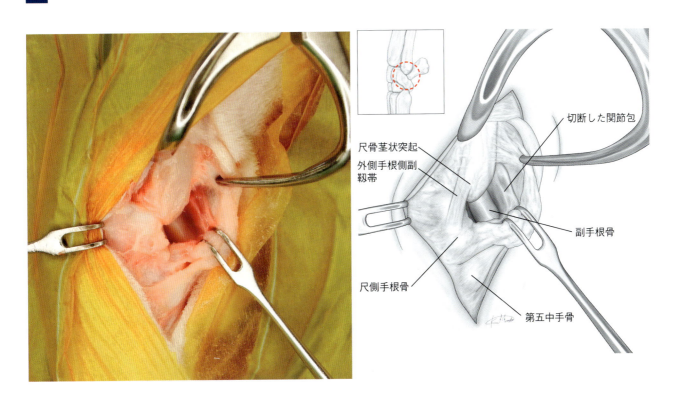

症例紹介／橈尺骨遠位骨幹端骨折

術前（頭尾側像）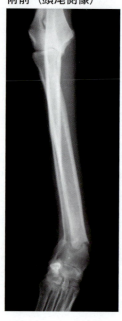

術前（側方向像）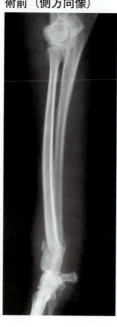

術後（頭尾側像）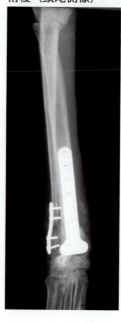

術後（側方向像）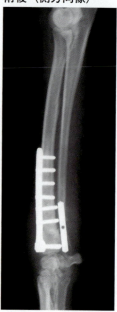

雑種犬，5歳齢，雌，体重10.1kg。

橈尺骨遠位骨幹端に生じた骨折をコンベンショナルプレートで整復した。橈骨と尺骨にはそれぞれ頭側と外側より別々にアプローチを行い整復している。このような骨折では，尺骨側の整復を先行することで橈骨の整復が容易になるだけでなく，術後の外反変形を生じにくくなる。本症例のアプローチは，本法および「5-4 橈尺骨への前方アプローチ」を適用した。

手根関節への内側アプローチ

適用

　橈骨茎状突起の骨折整復や，手根関節亜脱臼または脱臼時の靱帯再建が適用となる。関節内（橈骨－橈側手根骨）へ内側よりアプローチする場合には，内側手根側副靱帯を切断する必要があるため，特別な理由がない限り関節内へは前方アプローチ（「5-7 手根関節から中手骨への前方アプローチ」参照）を適用すべきである。

- 橈骨茎状突起骨折の整復
- 手根関節亜脱臼または脱臼の靱帯再建

アプローチのポイントと注意点

　本法では，重要な血管および神経は術創に現れない。ただし，橈側手根屈筋腱を分離し，掌側へアプローチする場合には，橈側手根屈筋腱の下層を骨軸に沿って走行する正中神経および正中動脈を損傷しないよう注意する必要がある（本稿の開創中には現れていない）。

ランドマークと皮膚切開

　橈骨の茎状突起をランドマークとして，橈骨内側を骨軸に沿って皮膚を切開する。皮膚切開の範囲は行う手術によって適宜調整する。

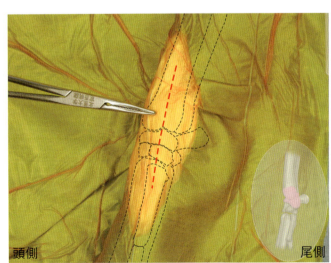

アプローチを可能な部位を右下に示す

手順

1. 皮膚切開と同じ位置で皮下組織を切開すると、橈骨茎状突起の頭側面を橈骨の頭側近位より尾側遠位に向かって斜めに走行する長第一指外転筋腱と、橈骨の尾側に骨軸に沿って走行する橈側手根屈筋腱が現れる。関節へは長第一指外転筋腱と橈側手根屈筋腱の間からアプローチするため、必要な範囲でこれらを鋭性に切開して分離する（点線）。

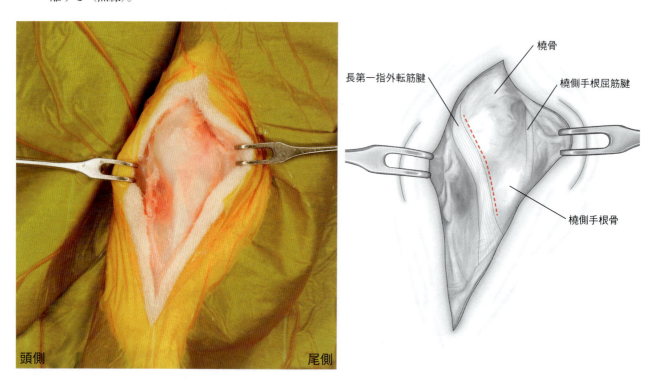

2. 長第一指外転筋腱は頭側へ、橈側手根屈筋腱は尾側へ牽引する。写真では長第一指外転筋腱のみを頭側へ牽引している。

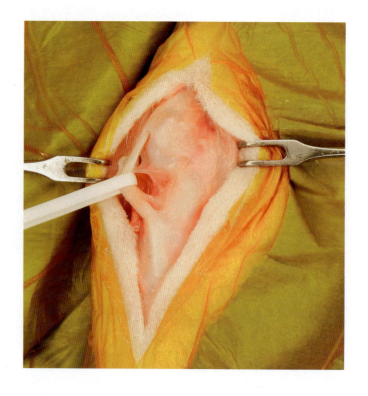

3. 長第一指外転筋腱の下層に内側手根側副靱帯が現れる。関節内へアプローチする場合にはこの靱帯を切断する（点線）。また，脱臼の場合はこの位置で靱帯の再建を行う。

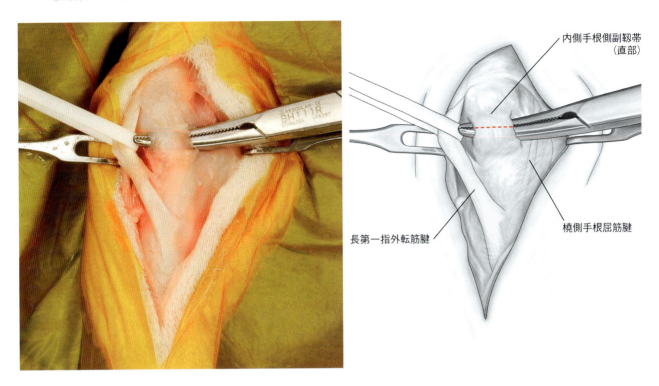

4. 内側手根側副靱帯を切断し，関節包を切開することで，橈骨および橈側手根骨の関節面を観察することができる。必要があれば，さらに橈側手根屈筋腱を尾側へ牽引することで掌側からのアプローチも可能になるが，橈側手根屈筋腱の下層に正中神経および正中動脈が走行するため，これらを損傷しないよう注意する必要がある。

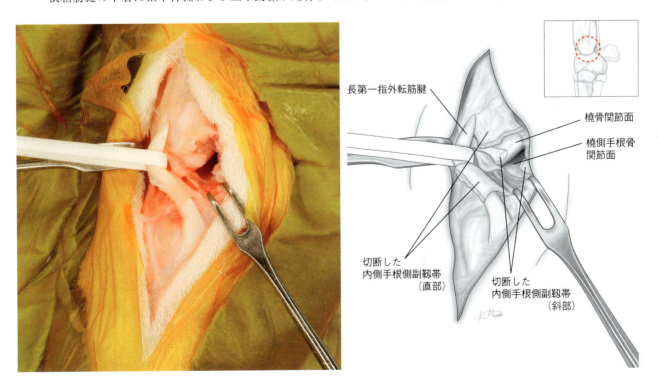

症例紹介／橈骨遠位骨端骨折（Salter-Harris TypeⅢ骨折）

術前（頭尾側像）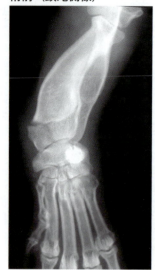

術前（側方向像）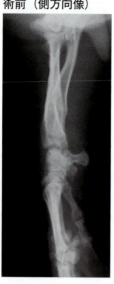

術後（頭尾側像）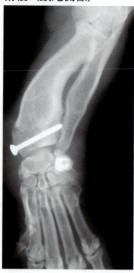

術後（側方向像）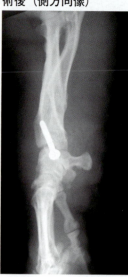

ミニチュア・ダックスフンド，8カ月齢，雄，体重4.5kg。

橈骨遠位骨端に生じたSalter-Harris TypeⅢ骨折を1本のラグスクリューで整復した。本法はこのほかに，手根関節の内側手根側副靭帯の再建時などにも必要となるアプローチであるが，インプラントの関節内迷入を避けるためには，橈骨と橈側手根骨の関節面を直視下に置いたうえでのインプラント設置が必要である。

第5章 7 手根関節から中手骨への前方アプローチ

適用

手根関節の脱臼の観血的整復および関節固定術がおもな適用となる。また，橈骨遠位骨端の骨折整復を行う場合にも，橈骨と橈側手根骨の関節面を視認する必要がある。とくに，プレートを用いて全あるいは部分関節固定術を実施する場合には，橈骨－橈側手根骨－第三中手骨を架橋すると同時に，関節軟骨を除去する必要があるため，これらすべてを確実に視認できる術野が必要となる。

- 手根関節脱臼の整復
- 手根関節の関節固定術
- 橈骨遠位骨幹端および骨端の骨折整復
- 手根骨骨折の整復（大型犬）

アプローチのポイントと注意点

橈骨骨幹へのアプローチと同様に，手根関節へは橈側手根伸筋腱と総指伸筋腱の筋間よりアプローチする。ただし，手根関節のみへのアプローチではこれらの腱しか観察できないため，腱の走行位置のみから筋を同定する必要がある。

ランドマークと皮膚切開

橈骨遠位内側端（解剖学的な部位名称なし），尺骨茎状突起をランドマークとし，橈骨の遠位骨幹および橈側手根骨の中心を通るラインで皮膚を切開する。近位および遠位における皮膚切開の範囲は，行う手術によって適宜調整する。

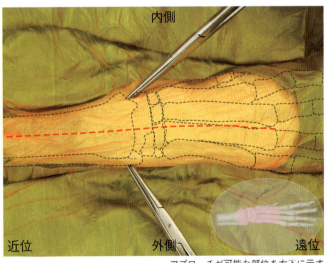

アプローチが可能な部位を右下に示す

手順

1. 皮膚切開と同じ位置で皮下組織を切開すると橈骨頭側面を骨軸に沿って走行する2本の腱と総背側指静脈が確認できる。内側が橈側手根伸筋腱，外側が総指伸筋腱であり，これらの腱は支帯によって橈骨遠位に付着している。総指伸筋腱は，橈骨より遠位で第二〜第五指の末節骨へ分岐して走行するため，同定は容易である。橈骨遠位の支帯を鋭性に切開する（点線）。

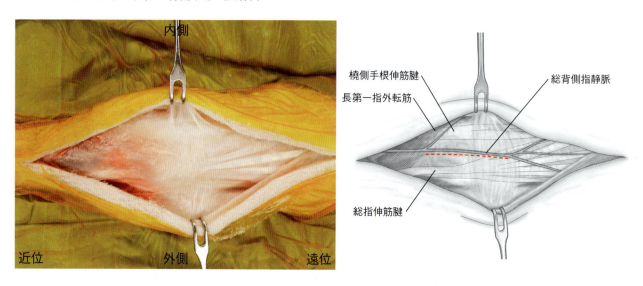

2. 橈骨遠位の支帯を鋭性に切開し，橈側手根伸筋腱を内側，総指伸筋腱を外側へ牽引すると橈骨が露出する。この近位では長第一指外転筋腱が橈側手根伸筋腱の上を斜めに横切るため，長第一指外転筋腱を分離し，内側へ牽引しておく。橈骨と橈側手根骨の間で関節包を鋭性に切開する（点線）。

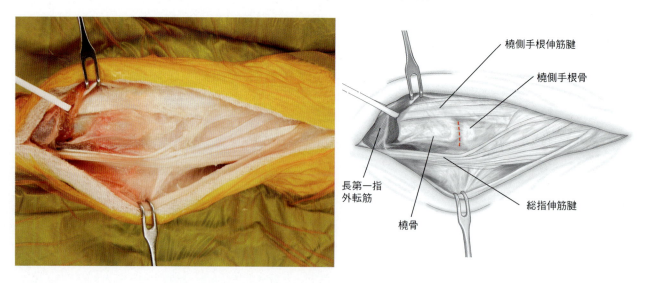

3. 第二〜第五指へ向かう総指伸筋の各腱はまとめて外側へ牽引し，中手骨を露出する．総指伸筋の各腱は遠位で末節骨へ終止し，中手骨の頭側からは容易に剥離できる．写真では，関節包を切開して橈骨と橈側手根骨の関節面を露出している．

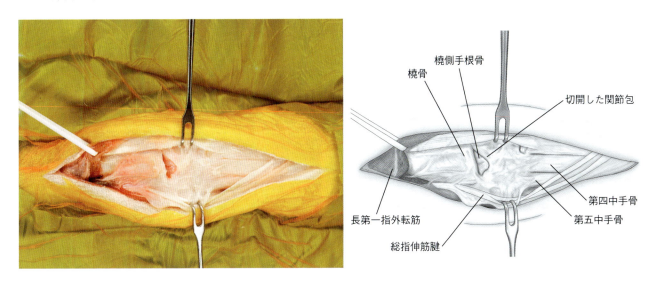

4. 関節包を除去し，橈骨，手根骨および中手骨すべての関節面を露出する．これより近位の橈骨頭側面を露出するためには，長第一指外転筋を外側へ牽引する必要がある．この部分の局所解剖に関しては，「5-4 橈尺骨への前方アプローチ」の稿を同時に参照されたい．

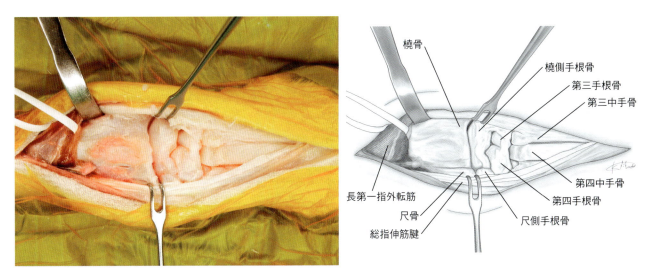

症例紹介／手根骨および中手骨骨折

術前（頭尾側像）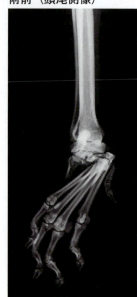

術前（側方向像）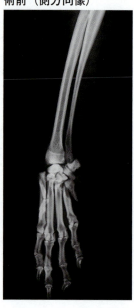

術後（頭尾側像）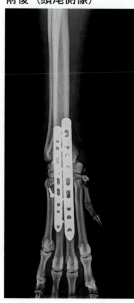

術後（側方向像）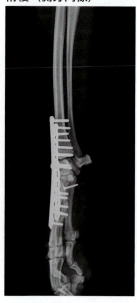

ボーダー・コリー，10歳8カ月齢，雌，体重25.5kg。

手根骨および中手骨の粉砕骨折を伴う手根関節脱臼を，2枚のロッキングプレートによる全関節固定術で整復した。本症例では，手根骨の骨折に加え靱帯損傷も重度であったため，全関節固定術を選択した。

第6章 骨盤および股関節へのアプローチ

1. 腸骨への外側アプローチ（中殿筋分割法）
2. 腸骨への外側アプローチ（中殿筋を挙上する方法）
3. 大転子の骨切りによる寛骨臼および腸骨体への外側アプローチ
4. 坐骨への外側アプローチ
5. 腸骨翼および仙腸関節への背側アプローチ
6. 股関節への前外側アプローチ
7. 大転子の骨切りによる寛骨臼（股関節）への外側アプローチ

第6章 1

腸骨への外側アプローチ（中殿筋分割法）

適用

　中殿筋を筋線維に沿って分離することで腸骨へアプローチする方法である．通常，腸骨体へは大腿筋膜張筋の筋間より中殿筋を背側へ挙上するアプローチ法が広く知られているが，骨質の厚い腸骨背側縁に達するまでの距離が遠くなることで必然的に侵襲が大きくなる．腸骨における単純骨折の整復であれば，本法のほうが侵襲を抑えられるうえに手術時間を大幅に短縮できる．本法は，樋口雅仁先生（動物整形外科病院，大分県）に教えていただいた方法であり，国外での報告はない．一見，侵襲が大きそうに見える方法ではあるが，術後における運動機能の回復は非常に早い．腸骨では，骨質の厚い背側部分にインプラントを設置するほうが固定後のインプラントの破綻が少ないため，この部分へ最短距離でアプローチできる本法のメリットは非常に大きい．また，骨盤三点骨切り術を実施する際のアプローチ法としても適用可能である．

・腸骨骨折の整復　　　　　　　　　　　　　　　・骨盤三点骨切り術時の腸骨の骨切り

アプローチのポイントと注意点

　本法は術創が狭くなるため，粉砕骨折や骨折が寛骨臼に及んでいる場合の整復には向かない．また，中殿筋の分離を寛骨臼に向かって延長すると，筋線維と直交するように走行する前殿神経が現れるため，この神経は可能な限り温存する．

ランドマークと皮膚切開

　腸骨稜，大腿骨の大転子，坐骨結節をランドマークとし，腸骨の頭側縁の中央より大転子背側までの皮膚を広めに切開する．皮膚切開の範囲は，手術部位によって適宜調整する．

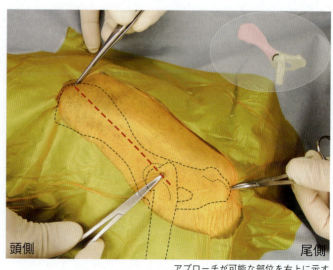

アプローチが可能な部位を右上に示す

手順

1. 皮膚切開と同じ位置で皮下組織および皮下脂肪を鋭性に切開する。脂肪の下層にある中殿筋の筋膜を露出し，筋線維の方向を確認する。中殿筋は表層の筋膜のみを鋭性に切開する（点線）。

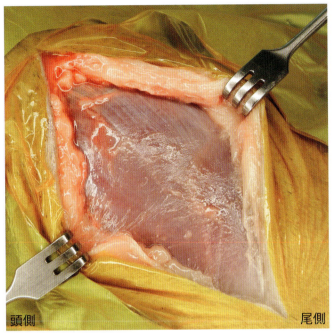
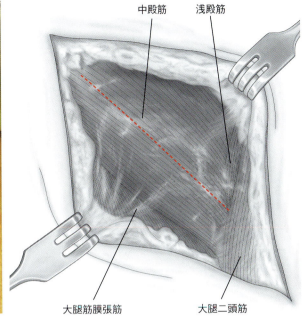

2. 中殿筋を切開する位置と範囲は骨折部位と使用するインプラントの大きさに合わせて調節するが，本来このアプローチ法では腸骨を露出できる範囲が限られるため，切開範囲は広くするほうがよい。

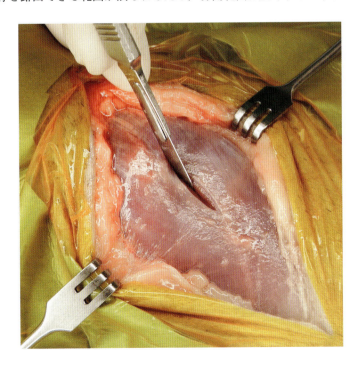

3 筋膜の切開創から，鉗子などを腸骨に達するまで差し込み，中殿筋を筋線維に沿って鈍性に分離する。

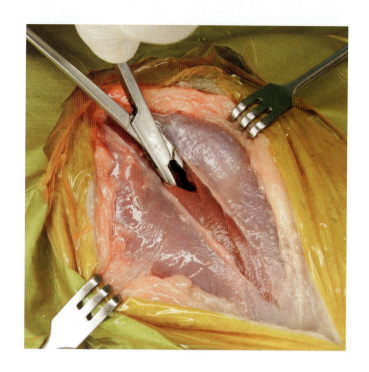

4 ホーマンリトラクター2本の先端をそれぞれ腸骨の背側縁と腹側縁に引っ掛け，テコの原理で筋の分割部位を拡大し，頭尾側端では，ゲルピー開創器を使用して視野を確保する。腸骨背側縁にホーマンリトラクターの先端をかける際は，坐骨神経を損傷しないよう十分に注意する。なお，インプラントを設置する際には，中殿筋の分離を寛骨臼側に延長し，寛骨臼頭側縁を視認しておく。

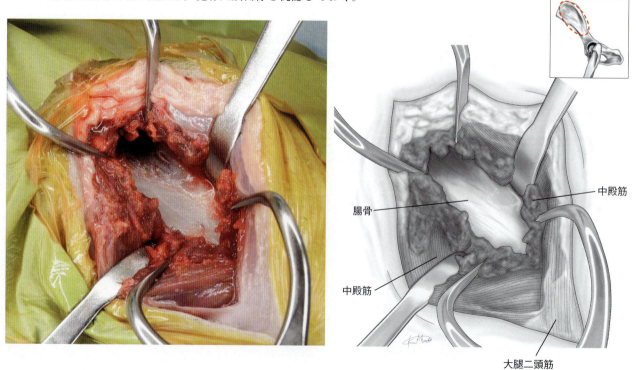

症例紹介／両側腸骨体骨折

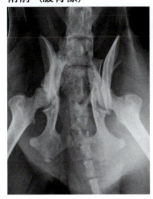
術前（腹背像）

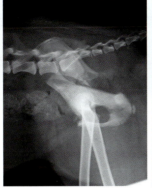
術前（側方向像）

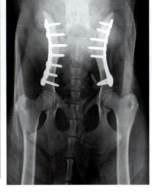
術後（腹背像）

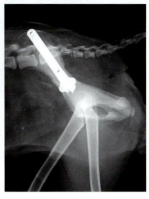
術後（側方向像）

　雑種犬，1歳2カ月齢，雌，体重9.5kg。
　両側の腸骨体に生じた骨折を本法でアプローチし，整復した。この整復は左右とも一期的に実施しているが，本法のメリットは侵襲が少ないことに加え，手術時間を大きく短縮できるところにある。ただし，本法では寛骨臼付近の展開が難しいため，骨折線が寛骨臼付近に及ぶ場合や股関節周囲での処置が必要な場合には，大転子の骨切りによって殿筋群を背側に挙上できるアプローチを選択すべきである（「6-3 大転子の骨切りによる寛骨臼および腸骨体への外側アプローチ」参照）。

コラム／腸骨骨折の整復方法

　本法では，必然的に腸骨の露出範囲が狭くなるため，骨の操作は難しくなる。腸骨における骨整復の多くで尾側の坐骨を上方へ引き上げる操作が必要になるが（②），大腿骨の大転子や坐骨結節を把骨鉗子で把持しながら整復を補助する必要がある。またプレートを設置する際は，スクリューの挿入は尾側の骨分節から開始し（③），腸骨外側の弯曲に合わせてあらかじめベンディングを行ったプレートを利用して正常な骨の形状に整復する意識が必要になる。

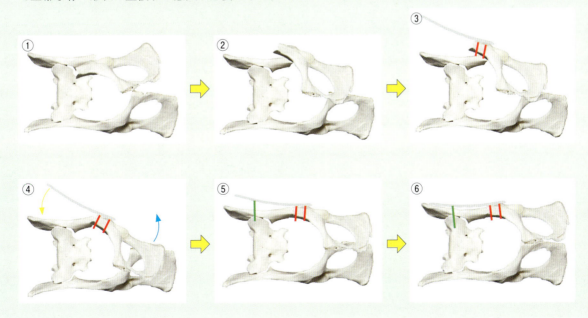

第6章 2 腸骨への外側アプローチ（中殿筋を挙上する方法）

適用

　中殿筋を大腿筋膜張筋との筋間で分離し，背側に挙上することで腸骨を露出するアプローチ方法である。「6-1 腸骨への外側アプローチ（中殿筋分割法）」よりも腸骨を広範囲に露出することが可能になる。本法は，大転子の骨切りと組み合わせることで，腸骨の頭側から寛骨臼までの広い範囲を露出することができる。腸骨における粉砕骨折や腸骨と寛骨臼の両方に骨折が存在する場合に有用なアプローチ方法である。

- 腸骨粉砕骨折の整復
- 腸骨および寛骨臼の骨折整復
- 骨盤三点骨切り術時の腸骨の骨切り

アプローチのポイントと注意点

　腸骨の尾側で，中殿筋内を通り，大腿筋膜張筋へと走行する前殿神経および前殿動脈・静脈は，可能な限り温存する。

ランドマークと皮膚切開

　腸骨稜，大腿骨の大転子，坐骨結節をランドマークとし，骨盤の形状を把握する。腸骨稜から大転子にかけて広めに皮膚を切開する。皮膚切開の範囲は，手術部位によって適宜調整する。

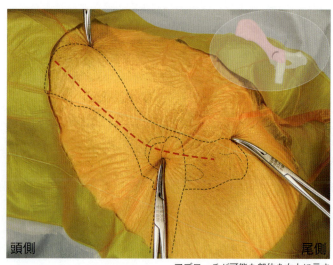

アプローチが可能な部位を右上に示す

手順

1. 皮膚切開と同じ位置で皮下組織および皮下脂肪を鋭性に切開し，下層の中殿筋と大腿筋膜張筋の筋間を確認する。中殿筋と大腿筋膜張筋の筋間を分離していく（点線）。

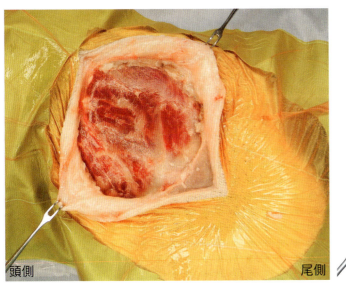 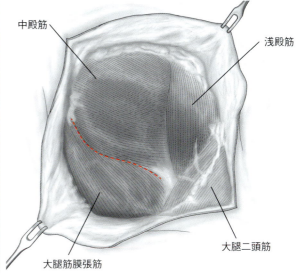

2. 中殿筋と大腿筋膜張筋の筋間を分離し，そこから骨膜起子を用いて中殿筋を腸骨より鈍性に剥離する。ある程度剥離できたらホーマンリトラクターの先端を腸骨の背側にかけ，テコの原理で中殿筋を背側へ挙上していく。中殿筋を挙上するためには，腸骨の頭腹側縁に付着する中殿筋の起始部を切開もしくは剥離する必要がある。

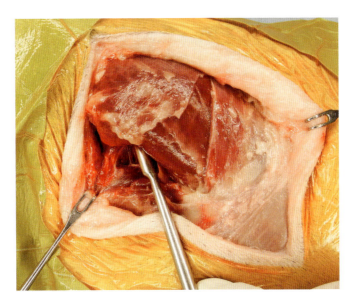

3 中殿筋を背側に挙上すると，中殿筋の筋線維と直交するように走行する前殿神経および前殿動脈・静脈が現れるため，これを可能な限り温存する。しかし，腸骨を大きく露出する場合は，この神経と動脈・静脈が開創の妨げとなるため，結紮・切断する必要がある。前殿神経は末梢でおもに深殿筋，中殿筋，大腿筋膜張筋に分布する神経であるため，運動機能への影響は少なからず生じるが，歩行が不可能になることはない。

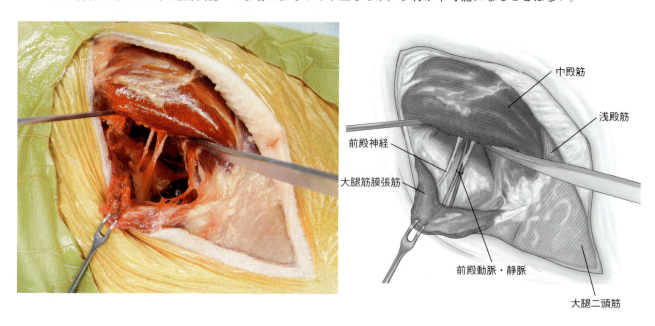

4 腸骨の外側面を露出したところ。なお，ホーマンリトラクターの先端を腸骨の背側縁にかける際には，腸骨の内側を走行する坐骨神経を損傷しないよう十分に注意する必要がある。

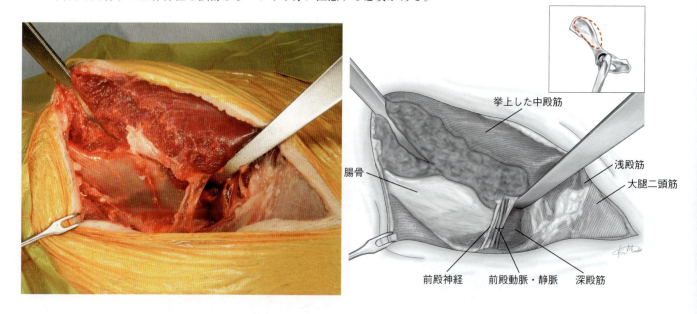

第6章 3
大転子の骨切りによる寛骨臼および腸骨体への外側アプローチ

適用

腸骨体骨折単独もしくは腸骨体骨折に寛骨臼骨折や大腿骨の近位骨端および骨幹端骨折が併発した場合に適用されるアプローチ方法である。大転子の骨切りによって深殿筋および中殿筋を大きく背側へ反転できるため，骨の露出範囲が広く，腸骨から寛骨臼背側にかけて広範囲にインプラントを設置することが可能となる。

・腸骨体骨折もしくは以下の骨折が併発した場合の整復
 - 寛骨臼骨折
 - 大腿骨近位骨端および骨幹端の骨折

アプローチのポイントと注意点

大転子の骨切りは，大腿骨尾側を走行する坐骨神経を直視下に置き，確実に保護してから実施する。

ランドマークと皮膚切開

腸骨稜，大腿骨の大転子，坐骨結節をランドマークとし，腸骨稜から大転子の遠位を通りS字状に皮膚を切開する。

アプローチが可能な部位を左下に示す

手順

1. 皮膚切開と同じ位置で皮下組織および皮下脂肪を鋭性に切開し，大腿二頭筋頭側縁，中殿筋と大腿筋膜張筋の筋間を露出する。

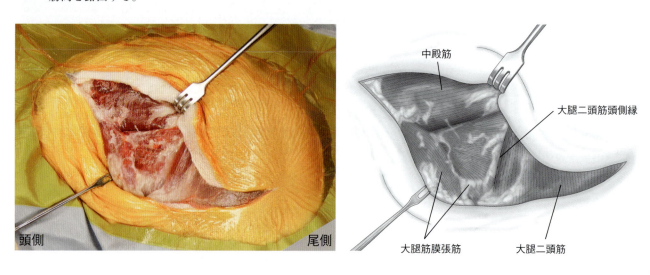

2. 最初に分離した大腿二頭筋頭側縁を尾側に反転し，その下を走行する坐骨神経を神経テープで確保する。とくに，大転子の骨切りを行う際は，坐骨神経と大転子の距離が近いため，常に坐骨神経を直視下において操作を行うことが重要である。

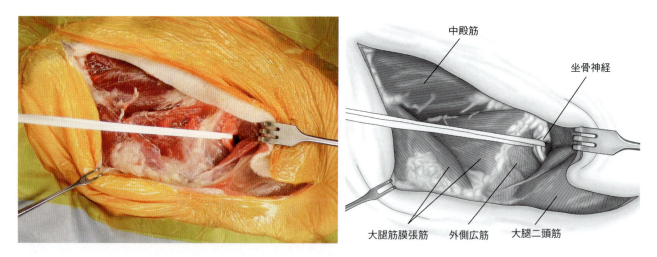

3 大転子の近くで中殿筋の腹側縁を背側へ挙上し，その下にある深殿筋を確認する．次いで先端が鈍なモスキート鉗子などを深殿筋の下で尾側へ向かって転子窩を通過するように差し込む．

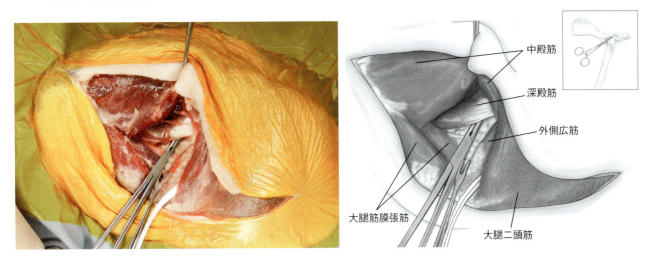

4 大転子の骨切りを行う前に，外側広筋を骨切りラインと同じ位置で鋭性に切開し，骨切りの開始時に振動鋸の刃が直接大腿骨に接するようにしておく．ここでは大転子に終止する浅殿筋の筋膜を切離せずに大転子の骨切りを行っているが，浅殿筋はあらかじめ背側へ挙上しておいてもよい．

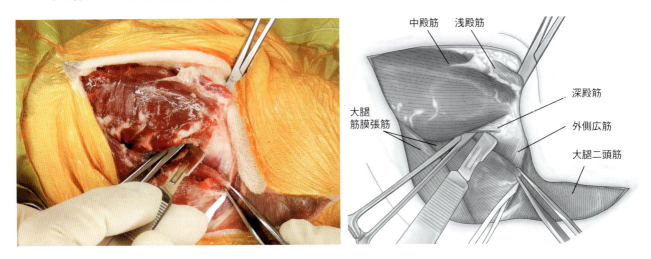

5 振動鋸を用いて大転子の骨切りを行う。このとき，深殿筋の下で転子窩を通過するように差し込んだモスキート鉗子などに向けて刃を進めるとよい。骨切りを行う大転子・骨分節側に，深殿筋と中殿筋の両方の終止部分を含むように骨切りを行う。骨切りした大転子が小さいと，閉創時に再付着のための固定操作が難しくなる。なお，猫は犬と比較して大転子が小さいため注意する必要がある。

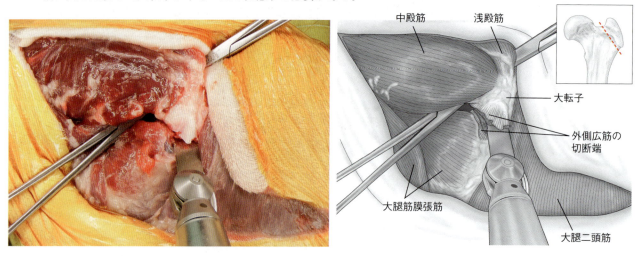

6 切離した大転子を深殿筋および中殿筋とともに背側へ牽引すると，その下に股関節の関節包が視認できる。関節包を鋭性に切開し（点線），寛骨臼背側縁と大腿骨頭を確認する。

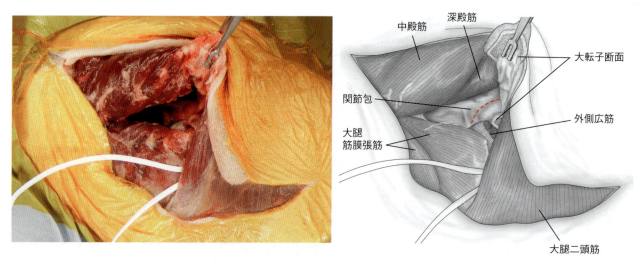

7 深殿筋および中殿筋は腸骨体より鈍性に分離する。このとき，ホーマンリトラクターの先端を腸骨の背側縁にかけ，テコの原理で深殿筋および中殿筋を挙上するとよい。ただし，腸骨の内側から背側を通って寛骨臼の尾側へ走る坐骨神経をホーマンリトラクターの先端で損傷しないよう十分に注意する必要がある。

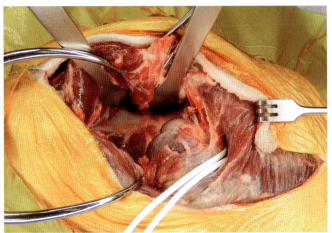
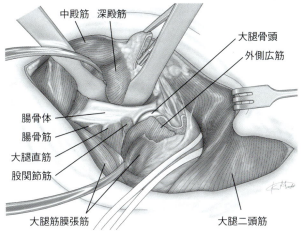

症例紹介／股関節脱臼を伴う腸骨体骨折

術前（腹背像）　術前（側方向像）　術後（腹背像）　術後（側方向像）

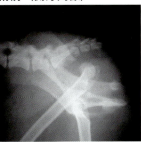
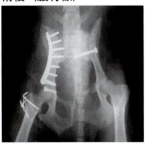
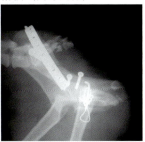

　ビーグル，2歳齢，雌，体重8.7kg。
　右側腸骨体骨折および股関節脱臼を，それぞれコンベンショナルプレートと2本のアンカースクリュー，人工糸にて整復した。寛骨臼および股関節周囲の処置が必要な場合は，大転子の骨切りによって術創を広く展開すべきである。左側の仙腸関節脱臼の整復は背側よりアプローチし，ラグスクリューによる安定化を行った。
　アプローチは，腸骨体骨折および股関節脱臼においては本法を，仙腸関節脱臼においては「6-5 腸骨翼および仙腸関節への背側アプローチ」を適用した。

コラム／骨盤へアプローチする際の皮膚切開ライン

　骨盤周囲の骨折では，腸骨，寛骨臼，大腿骨の骨折が併発することが多く，それぞれの部位へ1つの皮膚切開創から同時にアプローチすることが多い。骨盤周囲では，皮膚の下で行う手技は同じであっても，切開ラインの設定を間違えるとそれだけで手術を難しくしてしまう場合がある。ゆえに，術前に最終的なアプローチ目標を設定しておき，無理なく手術が行えるよう皮膚切開ラインを決める必要がある。

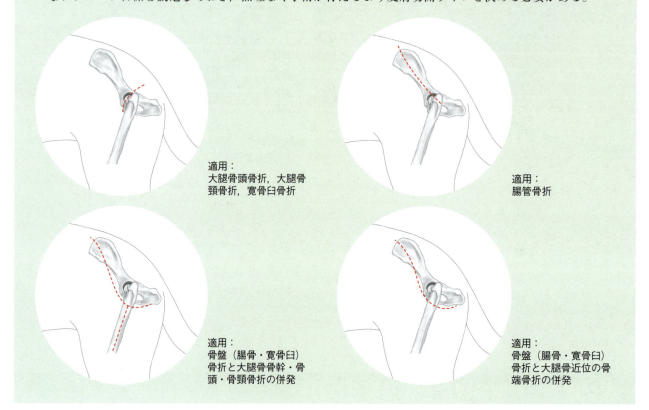

適用：
大腿骨頭骨折，大腿骨頸骨折，寛骨臼骨折

適用：
腸骨骨折

適用：
骨盤（腸骨・寛骨臼）骨折と大腿骨骨幹・骨頭・骨頸骨折の併発

適用：
骨盤（腸骨・寛骨臼）骨折と大腿骨近位の骨端骨折の併発

第6章 4 坐骨への外側アプローチ

適用

　多くの坐骨骨折では保存療法が適用されるため，単独で坐骨のみにアプローチする機会は非常に少ない。しかし，坐骨結節と仙結節靱帯は大腿二頭筋の起始部となっているため，歩行に伴う可動によって長い期間痛みが持続することがあり，とくに両側の坐骨骨折がある場合はその傾向が強い。「6-3 大転子の骨切りによる寛骨臼および腸骨体への外側アプローチ」で露出できる範囲は坐骨切痕までが限界であるため，坐骨にインプラントを設置する場合には坐骨の外側からアプローチを行う必要がある。

・坐骨骨折の整復

アプローチのポイントと注意点

　坐骨結節へ外側からアプローチする場合には坐骨神経を視認しにくいため，これを確実に温存する必要がある。坐骨結節に近い部分へアプローチする場合でも，最初に坐骨神経の位置を直視下で確認するべきである。

ランドマークと皮膚切開

　腸骨稜，大腿骨の大転子，坐骨結節をランドマークとし，骨盤の形状を確認した後に皮膚切開を行う。寛骨臼の背側から坐骨結節に向かって皮膚を切開する。

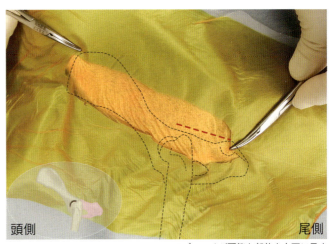

アプローチが可能な部位を左下に示す

手順

1. 皮膚切開と同じ位置で皮下組織と皮下脂肪を鋭性に切開する。切開創の頭側には浅殿筋，尾側には大腿二頭筋が視認できるため，これらの筋間を分離する（点線）。

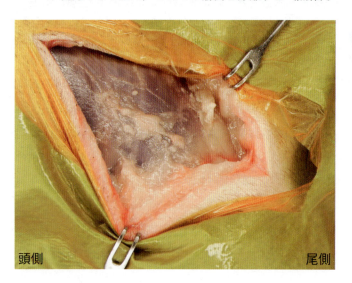
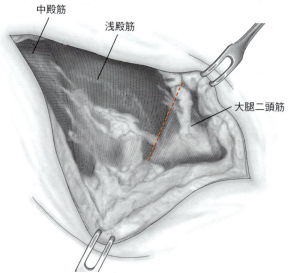

2. 浅殿筋の下層には，明らかにほかの組織とは異なる白い色調で仙結節靱帯が明確に観察される。これをランドマークとし，その腹側を走行する坐骨神経と後殿動脈・静脈を探す。坐骨神経は多くの場合，その周囲に脂肪が存在するため，神経を損傷しないように確保する。

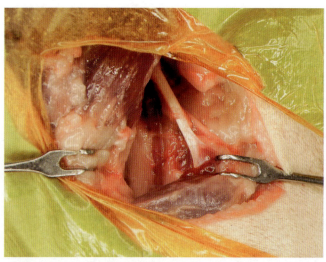
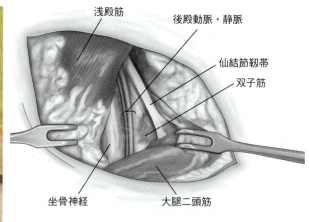

3. 坐骨神経は確実に確保し，整復の最中は常に視野に入れておく必要がある．坐骨尾側へアプローチする場合でも，坐骨神経の位置を直視下で確認した後に切開範囲を尾側へ延長するほうが安全である．

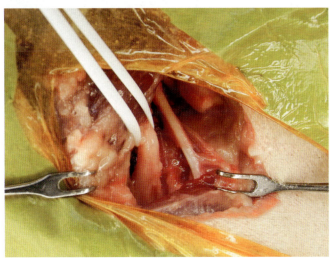
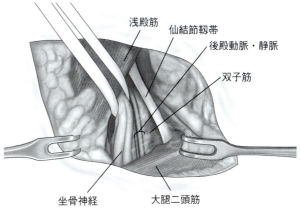

4. 坐骨切痕上で内閉鎖筋の腱および双子筋を切離する（赤点線）と坐骨を露出できる．寛骨臼に近い部位へのアプローチでは，仙結節靱帯を背側に牽引するほうが広い露出を得られる．一方，坐骨結節に近い部位を露出するためには，仙結節靱帯とそこから起始する大腿二頭筋を腹側へ牽引することで坐骨を露出する．写真では，坐骨切痕のみへのアプローチを示す．

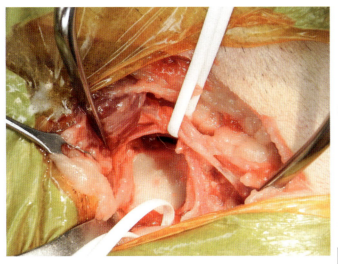
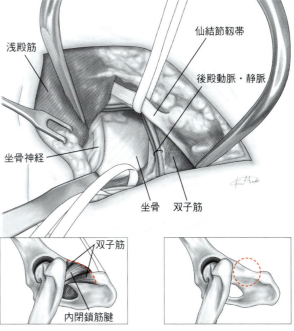

第6章 5
腸骨翼および仙腸関節への背側アプローチ

適用

おもに仙腸関節脱臼や仙骨翼骨折の整復，腸骨から移植骨を採取する際に必要となるアプローチ法である．

- 仙腸関節脱臼の整復
- 腸骨から移植骨の採取
- 仙骨翼骨折の整復

アプローチのポイントと注意点

　仙骨にインプラントを設置する場合に最も重要なことは，インプラントの脊柱管内への迷入を避けることである．そのためにも，アプローチの過程で仙骨耳状面全体を完全に直視下に置き，その形状を把握しておくことが重要である．仙腸関節に背側からアプローチする場合は，大きな筋を損傷することはない．しかし，術中に仙腸関節の腹側深部より多量の出血があった場合は，出血点で直接止血をすることができないため，整復時は注意が必要である．

ランドマークと皮膚切開

　写真は，片側の仙腸関節にアプローチする際のドレーピング方法である．両側での脱臼や，仙骨翼骨折の整復では両側の仙腸関節にアプローチを行う必要があるため，術式に応じて切開範囲を決める．以下，左側仙腸関節へのアプローチを例に解説するため，図の左側が頭側となる．ランドマークは腸骨背側縁の最も隆起している部分（前背側腸骨棘）とする．皮膚切開は，腸骨背側縁の直上で，腸骨を露出した際に，前背側腸骨棘と後背側腸骨棘の両方を目視できる範囲で体軸と平行に行う．

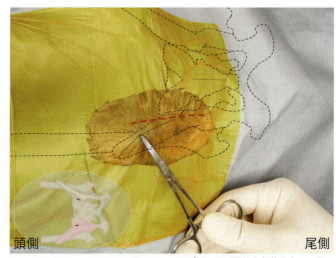

アプローチが可能な部位を左下に示す

手順

1. 皮膚切開の直下で腸骨の内側には胸腰筋膜，外側には中殿筋筋膜があり，これを鋭性に切開する（点線）と腸骨を覆う深層の筋が視認できる。

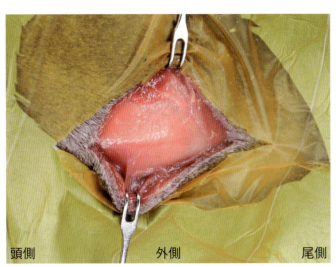
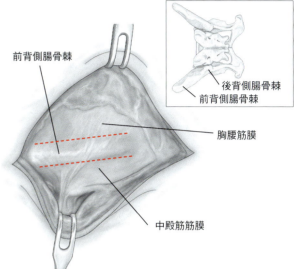

2. 筋膜は，外側の中殿筋側と内側の仙骨側で腸骨背側縁上をそれぞれ切開する。

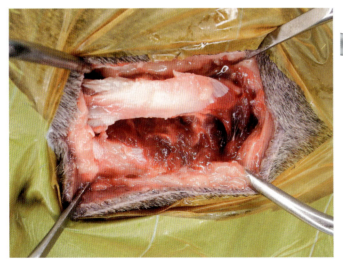
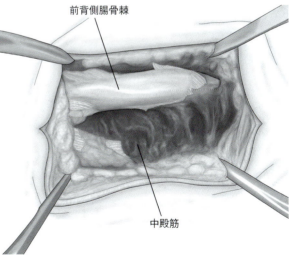

3 腸骨外側に付着している中殿筋を，腸骨内側面にある耳状面の位置まで鈍性に剥離する。ただし，後背側腸骨棘のすぐ尾側で，前殿動脈・静脈および前殿神経が，腸骨背側を内側から外側に向けて横切るため，これより尾側では中殿筋の剥離を行わないようにする。

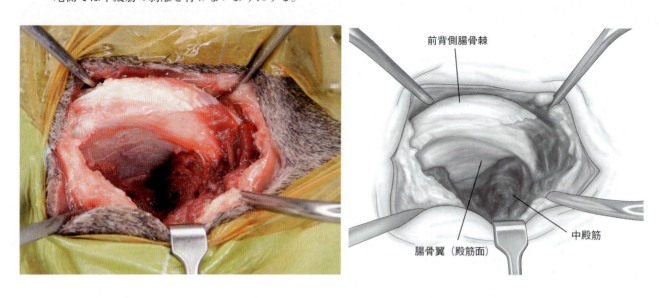

4 同様に，内側では腰最長筋の腸骨付着部を鈍性に剥離すると，腸骨から少し隆起している腸骨耳状面の輪郭部分を確認できる。仙骨の背側では，椎間孔から出る神経を損傷しないよう，筋の剥離は腸骨に近い位置でのみ行う。仙腸関節が脱臼している場合には，腸骨を大きく外側に変位させられるため，内側面の観察で背側仙腸靱帯付着部の位置を確認しておく。

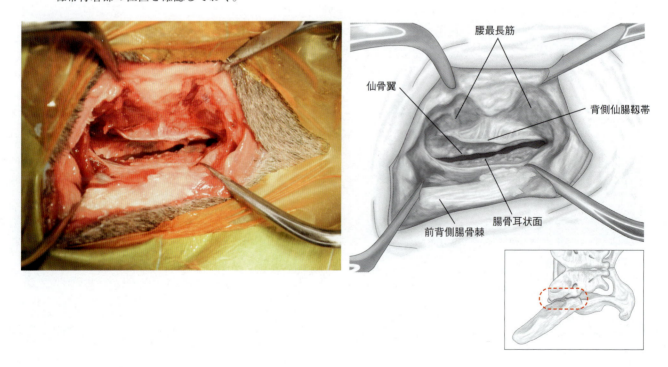

5. 仙骨翼の腹側縁にリトラクターの先端をかけた状態で，腸骨を支点として腸骨を押し下げると同時に仙骨翼を上方に引き上げると，仙骨耳状面全体を直視下に置くことができる。付着する軟部組織や出血で，その形状を明確に把握することは難しいかもしれないが，丁寧に探ると，周囲の関節面を視認できる。通常，スクリューの設置は耳状面の中央付近で行う。

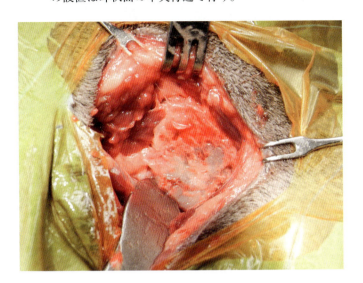
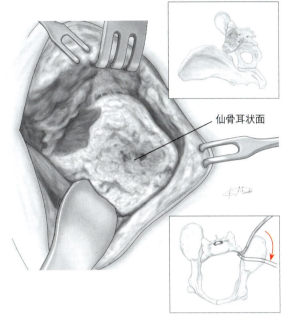

仙骨耳状面

症例紹介／対側に股関節腹側脱臼を伴う仙腸関節脱臼

術前（腹背像） 術前（側方向像） 術後（腹背像） 術後（側方向像）

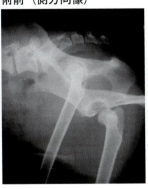
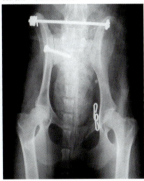
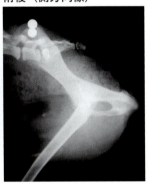

雑種犬，13歳齢，雄，体重6.0kg。

右側の仙腸関節脱臼はラグスクリューとティビアボルトで整復し，左側の股関節腹側脱臼はトグルピンで整復した。股関節の腹側脱臼は，多くの場合Hobble包帯法のみで治癒することが多いが，反対側に仙腸関節の脱臼があったため，回復期の安全性を考慮して観血的な安定化を行った。

アプローチは，仙腸関節脱臼の整復においては本法を，股関節脱臼の整復においては「6-6 股関節への前外側アプローチ」を適用した。

第6章 股関節への前外側アプローチ

適用

　大腿骨頭切除術，股関節脱臼の整復および大腿骨頭付近における骨折の整復に適用されるアプローチ法である。ただし，本法では露出できる範囲が狭いため，とくに股関節脱臼の整復や骨折の整復の際には大転子の骨切りによって背側まで広く露出するほうが手術を正確に行える場合がある。

- ・大腿骨頭切除術
- ・股関節脱臼の整復
- ・大腿骨頭および骨頚の骨折整復

アプローチのポイントと注意点

　本稿で解説する股関節へのアプローチ法は，大腿骨頭切除術を想定した最も侵襲が小さい方法であるが，これに大転子の骨切りを加えることで術創をさらに拡大することが可能である。この詳細については「6-7 大転子の骨切りによる寛骨臼（股関節）への外側アプローチ」を参照していただきたい。また，本法に限らず，股関節周囲へのアプローチでは，皮膚切開直下に大腿二頭筋の頭側縁を視認できる位置で皮膚切開を行うことで後の操作が容易になる。

ランドマークと皮膚切開

　大腿骨の大転子，骨幹の頭側縁および坐骨結節をランドマークとし，大腿骨骨幹の近位から大転子の頭側縁を通り，近位では尾側へカーブさせるように皮膚を切開する。皮膚切開の範囲は術式によって適宜調整する。

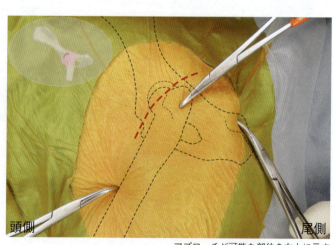

アプローチが可能な部位を左上に示す

手順

1. 皮膚切開と同じ位置で皮下組織と皮下脂肪を鋭性に切開し，下層の大腿二頭筋の頭側縁を探す。大腿二頭筋の頭側縁を分離する（点線）。

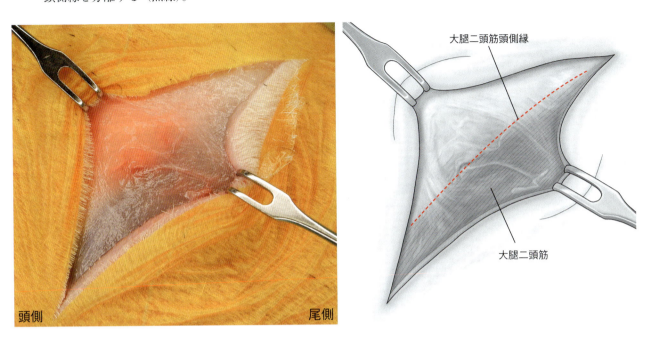

2. 大腿二頭筋の頭側縁を分離し，尾側へ牽引する。写真では，脂肪に覆われて筋の境界がわかりにくいが，大転子をランドマークとすることで筋の分離を進める。この術創では，脂肪の下層に大腿筋膜張筋，中殿筋，浅殿筋の筋膜が存在する。中殿筋の腹側縁で大腿筋膜張筋との筋間を分離する（点線）。

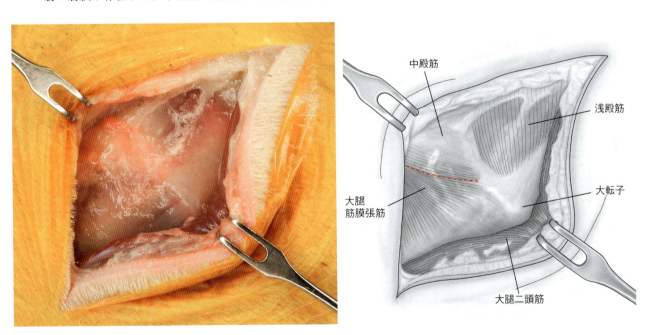

3 中殿筋と大腿筋膜張筋との筋間を分離すると，大腿筋膜張筋の下層には外側広筋が存在する。

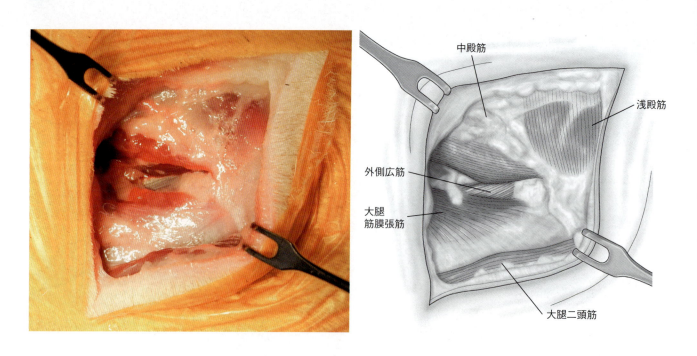

4 中殿筋の腹側縁を背側へ挙上し，深殿筋および外側広筋を確認する。

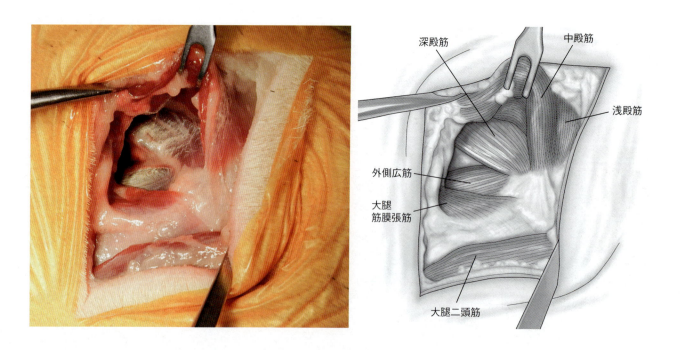

5 深殿筋を背側へ挙上し，大腿骨頸部の頭側に付着する外側広筋を露出する。外側広筋は図の位置で鋭性に切開するが（点線），この筋は大腿骨頸部の頭側面から外側にかけて広く起始している筋であるため，切開は患部の露出に必要な範囲だけでよい。

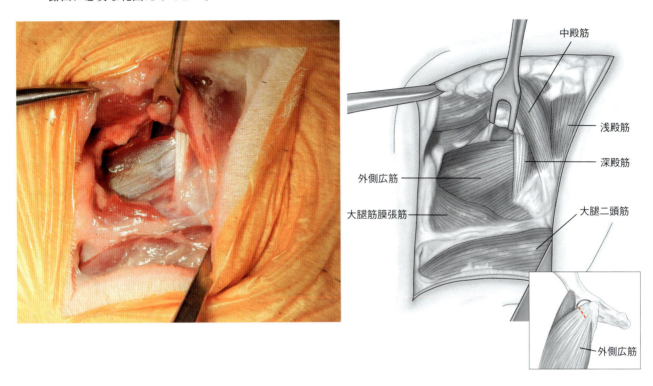

6 切離した外側広筋を反転すると，その下層に股関節の関節包を確認できる。関節包の位置がわかりにくい場合は，指先で触診しながら股関節を動かし，寛骨臼縁と大腿骨頭の境界を探す。また，術創が狭く感じる場合は，深殿筋腱部を部分的に切離してもよい。

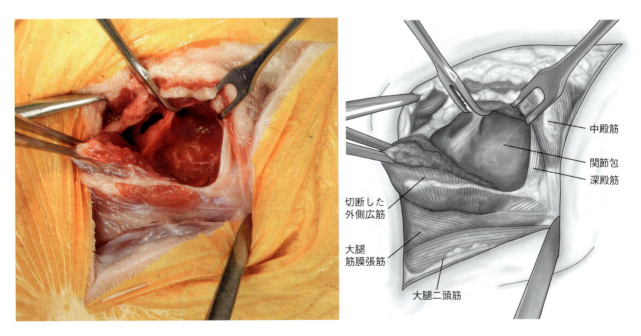

7 関節包を寛骨臼縁から大腿骨頸部へ向けて鋭性に切開する。

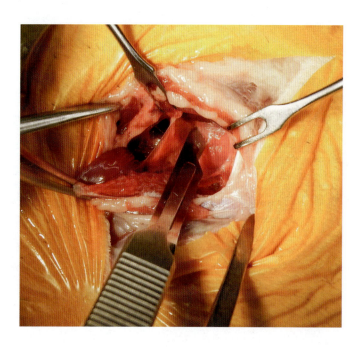

8 関節包を切開し，股関節が露出したところ。この後のアプローチは目的とする手術によって多少異なるが，股関節周囲へのアプローチでは，股関節に医原性の損傷を与えないためにも，最初に関節を視認し，そこから術創を拡大すべきである。例えば，股関節脱臼の整復で関節包の修復を行う場合は，ここから寛骨臼円蓋を露出することが多く，大腿骨頭切除では，外側広筋の剥離を大腿骨頸部へ拡大し，骨切り部位を露出する必要がある。

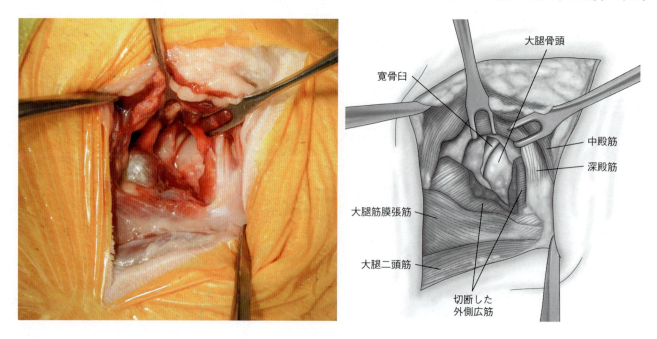

9 本稿では大腿骨頭切除を目的としたアプローチを例に解説する。股関節内部を視認した後，大腿骨を大きく外旋することで大腿骨頭を寛骨臼より脱臼させる。写真では大腿骨頭の下にホーマンリトラクターを挿入し，外旋操作を補助しているが，大腿骨頭を温存する術式の場合は関節面を医原性に損傷しないよう注意する必要がある。大腿骨頭靱帯が切断されていなくとも，大腿骨頭切除が行える程度の外旋は可能である。

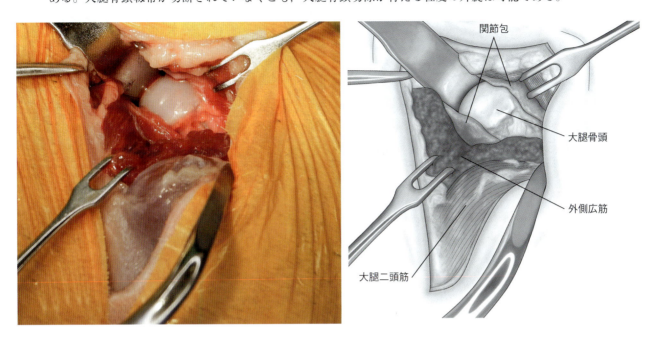

10 外側広筋を大腿骨頸部より剥離し，大腿骨骨幹移行部までを露出する。大腿骨頭切除後は外側広筋を可能な範囲で縫合する。

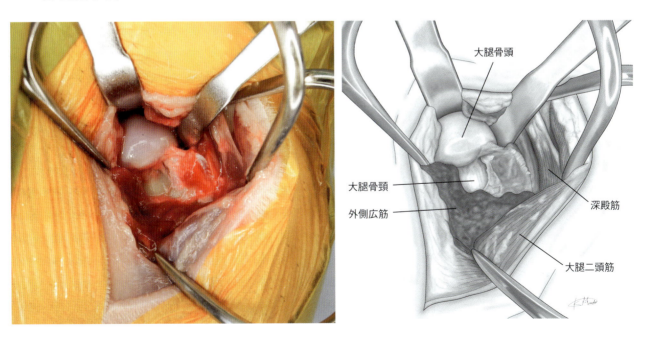

症例紹介／両側の股関節腹側脱臼

術前（腹背像）
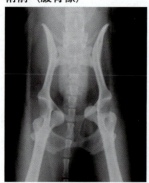

術前（側方向像）
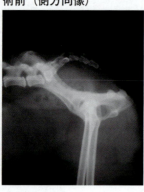

術後（腹背像）
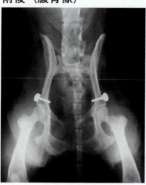

術後（側方向像）
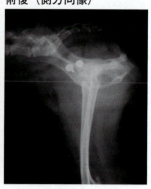

トイ・プードル，11歳7カ月齢，雌，体重3.5kg。

両側に生じた股関節腹側脱臼を深殿筋固定術によって安定化し，術後にはHobble包帯法を併用した。深殿筋は腹側の腱部を貫通させたスクリューとスパイクワッシャーによって寛骨臼の頭側に固定されている。本症例は最初に左側の脱臼があり，右側が脱臼した時点で紹介された。左側では，脱臼した状態での歩行期間が長かったため，大腿骨頸の背側の骨が閉鎖孔との干渉によって摩耗している。

大転子の骨切りによる寛骨臼（股関節）への外側アプローチ

適用

　寛骨臼，大腿骨頭および大腿骨頸骨折に適用されるアプローチ法である．大転子の骨切りによって，寛骨臼から大腿骨近位骨端の背側および頭側面の広い視野を得られる．

- 寛骨臼骨折の整復
- 大腿骨頸骨折の整復
- 大腿骨頭骨折の整復
- 股関節脱臼の整復

アプローチのポイントと注意点

　大転子の骨切りを実施する際は，大腿骨尾側を走行する坐骨神経を直視下に置いた状態で保護する．また，大転子は深殿筋と中殿筋の終止部であるため，閉創時には骨切り部位を確実に整復する必要がある．

ランドマークと皮膚切開

　腸骨稜，大腿骨の大転子，坐骨結節をランドマークとし，皮膚切開前に骨盤の形状を確認する．大転子から大腿骨の骨幹頭側で骨軸に沿うように皮膚を切開し，近位では尾側にカーブさせる．皮膚切開の範囲は手術部位によって適宜調整する．

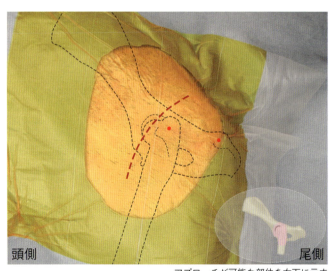

アプローチが可能な部位を右下に示す

手順

1. 皮膚切開の直下で大腿二頭筋の頭側縁を探し，そのラインに沿って筋間を鋭性に切離する（点線）。

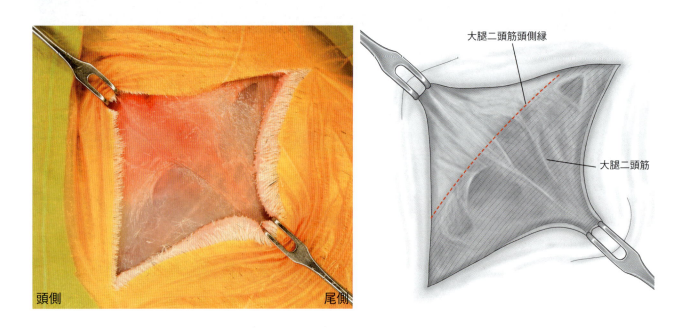

2. 脂肪が多い動物では，大腿二頭筋の頭側縁を見つけにくいことがある。その場合には大転子をランドマークとして脂肪組織を切開し，その下層で探す必要がある。

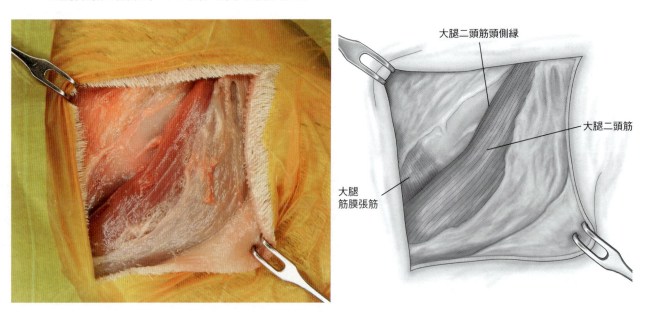

3 大腿二頭筋頭側縁をリトラクターで尾側に牽引し，その下を走行する坐骨神経を確認する．

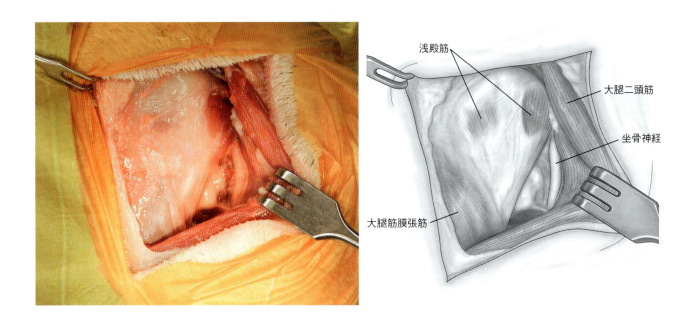

4 坐骨神経を神経テープで確保し，ここから大転子の骨切りが完了するまでの間は常に直視下に置いておく．

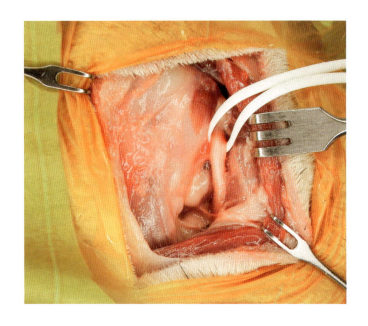

5 大転子外側の筋膜に終止する浅殿筋を鋭性に切開する（点線）。

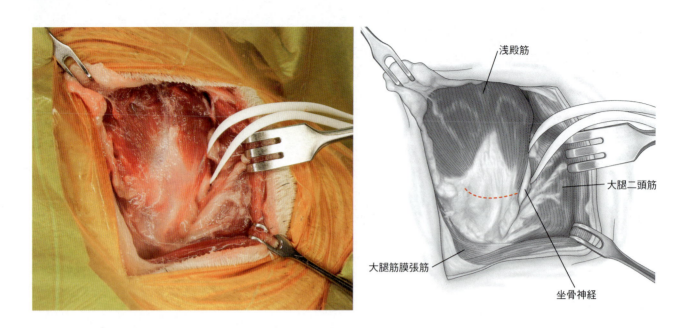

6 浅殿筋を背側へ反転すると，その下に中殿筋と外側広筋を確認できる。

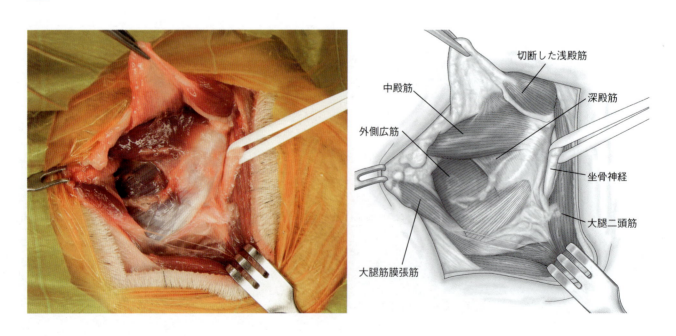

7 中殿筋の腹側縁をリトラクターで背側に挙上するとその下に深殿筋の腱部を確認できる。

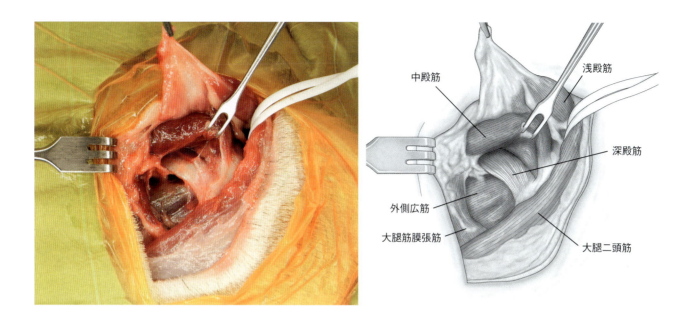

8 先端が鈍なモスキート鉗子などを深殿筋の下層で転子窩を通すように尾側へ向かって差し込む。骨切りを行う際は坐骨神経を損傷しないよう，モスキート鉗子などの下層に位置させる。

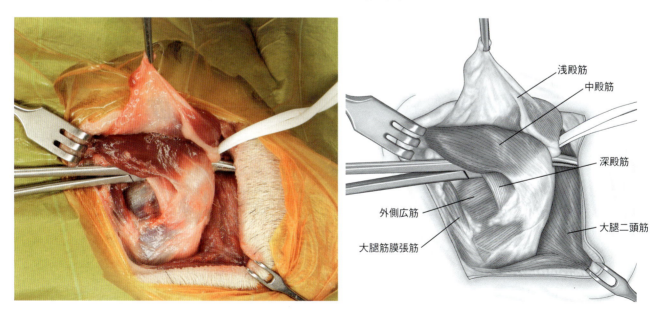

9 大転子の骨切り部分の外側広筋を鋭性に切開し（点線），振動鋸が直接大腿骨に接するようにしておく．外側広筋は大腿骨頸部の頭側面から外側にかけて広く起始する筋であるが，切開するのは振動鋸の刃が当たる外側面のみでよい．

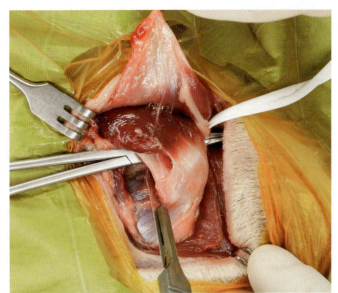
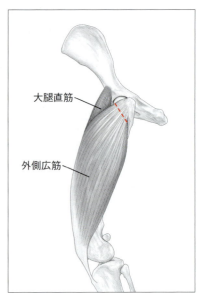

10 大転子の基部より挿入しているモスキート鉗子へ向かって振動鋸の刃を進める．このとき，大転子に深殿筋と中殿筋の双方が付着するよう骨切りを行う．

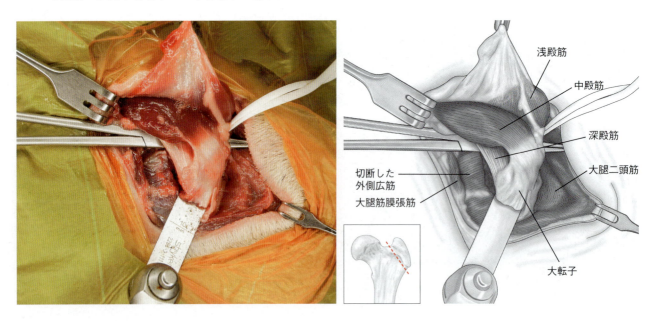

11 骨切りを行った大転子とそれに付着する深殿筋と中殿筋を背側へ反転すると，その下に股関節の関節包が確認できる。関節包を鋭性に切開し（点線），大腿骨頭を露出する。この際，関節包は寛骨臼縁に沿って切開するよりも，大腿骨頭から寛骨臼にかけて縦切開するほうが閉創時に縫合が容易になる。

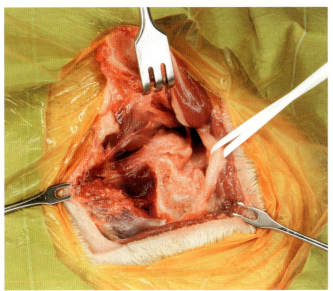 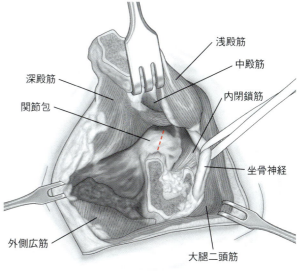

12 関節包を鋭性に切開すると大腿骨頭が確認できる。

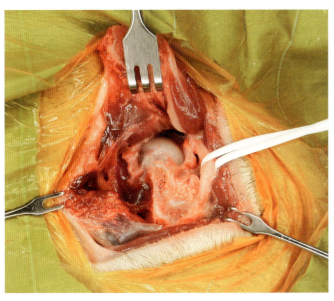 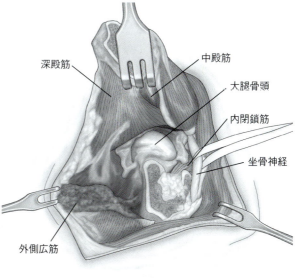

13 寛骨臼を露出する場合には，寛骨の背側にホーマンリトラクターの先端をかけ，テコの原理で深殿筋および中殿筋を背側へ挙上する。この際，リトラクターの先端で坐骨神経を損傷することがないよう，十分に注意する必要がある。

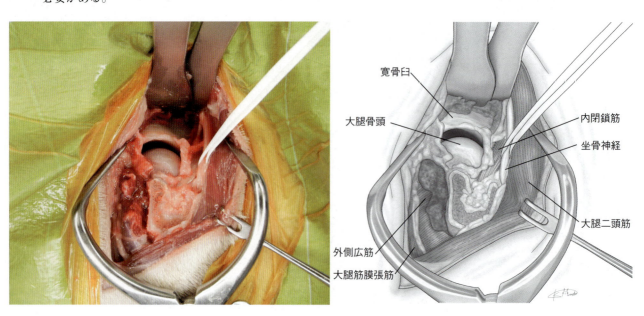

症例紹介／股関節脱臼

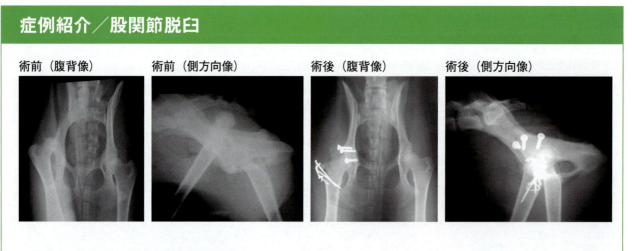

術前（腹背像）　　術前（側方向像）　　術後（腹背像）　　術後（側方向像）

　雑種犬，1歳6カ月齢，雌，体重10.5kg。
　右側に生じた股関節脱臼を，アンカースクリューと人工糸によって安定化した。この整復法には必ずしも大転子の骨切りを必要としないが，本症例では寛骨臼縁の微小骨折が疑われたことと，閉創時における大転子の外方転位術を目的として本法を適用した。つまり，股関節脱臼の整復では，本法の適用が安定化の手段にもなる。

第7章 大腿骨へのアプローチ

1　大腿骨近位骨幹端への外側アプローチ
2　大腿骨骨幹への外側アプローチ
3　大腿骨遠位骨端への外側アプローチ

第7章 1

大腿骨近位骨幹端への外側アプローチ

適用

　大腿骨近位骨端および骨幹端骨折の整復がおもな適用となる。アプローチの手順自体は「6-6 股関節への前外側アプローチ」とほぼ同じであるが，外側広筋の切開範囲のみが異なる。大腿骨頸や近位骨幹端の整復を行う場合，外側広筋の起始部を広範囲に切開し，遠位方向へ反転することで頭側からの視野を得なければ整復が難しい場合がある。

・大腿骨近位骨端および骨幹端の骨折整復

アプローチのポイントと注意点

　本法で切断する必要がある筋は外側広筋のみである。外側広筋は閉創時に確実に縫合する必要があるが，縫着が難しい場合，切断部は深殿筋に縫着しておく。

ランドマークと皮膚切開

　大腿骨の大転子および膝蓋骨をランドマークとし，骨折部位と適用する整復法に合わせ，大腿骨近位の骨幹頭側縁に沿って必要な範囲で皮膚を切開する。

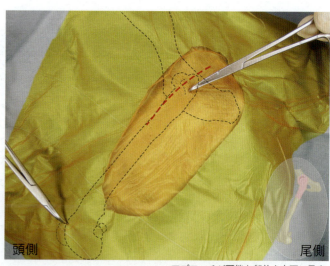

アプローチが可能な部位を右下に示す

手順

1 大腿二頭筋頭側縁と大腿筋膜の境界を鋭性に切開する（点線）。

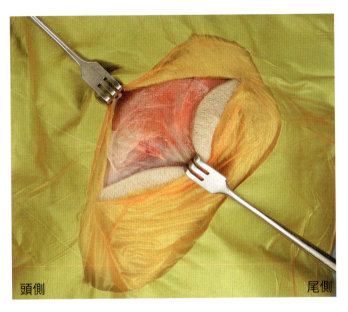
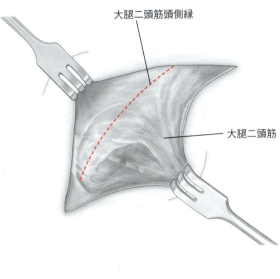

2 大腿筋膜を頭側へ，大腿二頭筋を尾側へ牽引すると，下層に浅殿筋，中殿筋，大腿筋膜張筋，大転子の外側が視認できる。浅殿筋は終止部で切開する（点線）。

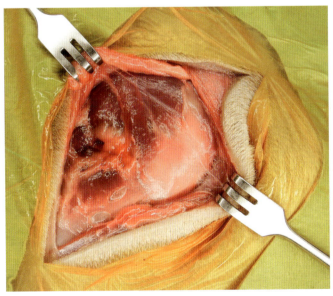
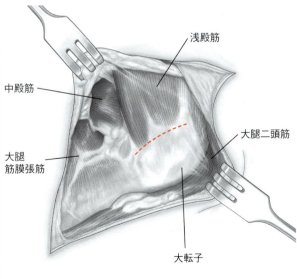

3 浅殿筋を尾側へ牽引し，大腿筋膜張筋と中殿筋の筋間を分離する。

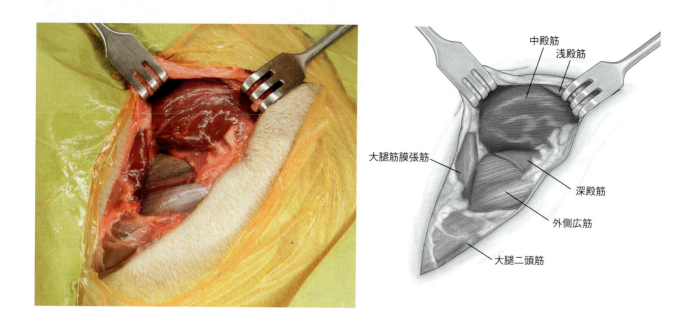

4 中殿筋を背側へ牽引すると，深殿筋の腱部および外側広筋が確認できる。

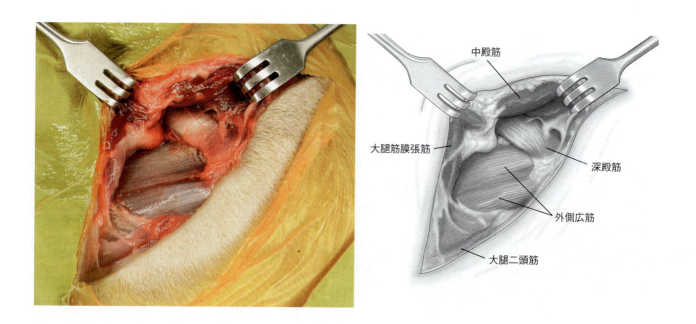

5 さらに深殿筋の腹側縁を背側に牽引し，外側広筋の起始部近くまで露出する。

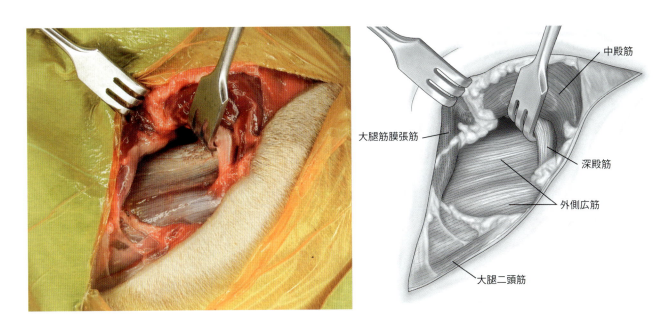

6 外側広筋の付着部を，大腿骨頸部から大転子外側までの広い範囲で鋭性に切開する（点線）。この際，大腿直筋の起始部を切開しないように注意する。

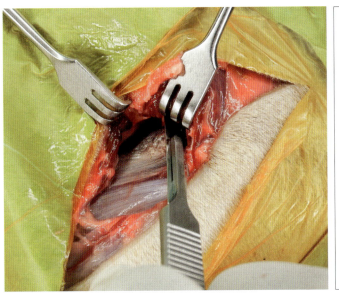
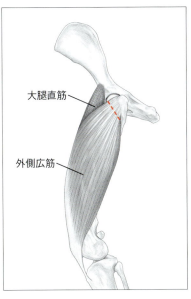

7 切断した外側広筋は，リトラクターを用いて遠位方向へ反転する．関節包を切開する（点線）．

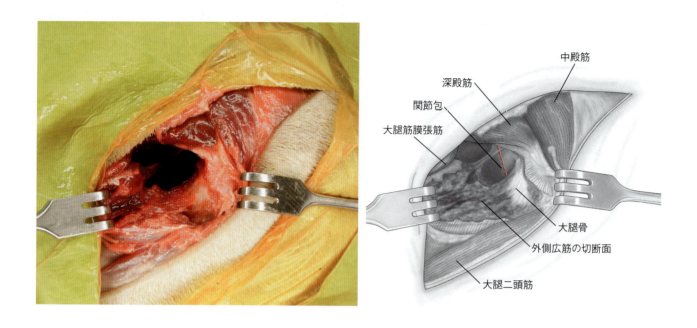

8 関節包を切開し，大腿骨を外旋させることで大腿骨近位の頭側面を確認することができる．

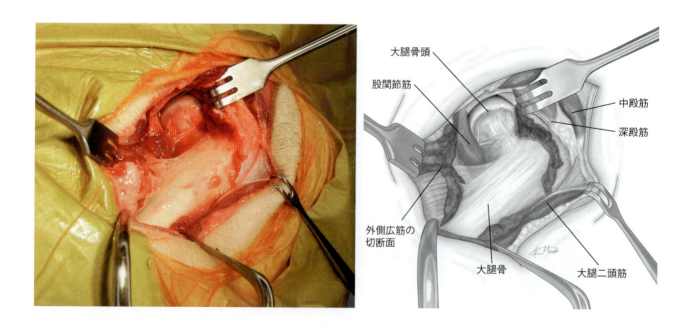

症例紹介／大腿骨近位骨幹端の粉砕骨折

術前（頭尾側像）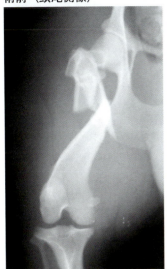
術前（側方向像）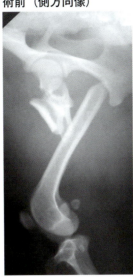
術後（頭尾側像）
術後（側方向像）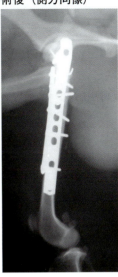

チワワ，3歳齢，雄，体重 3.65kg。

　大腿骨近位骨幹端に生じた粉砕骨折を2枚のコンベンショナルプレートで整復した。大腿骨近位の骨折において，大腿骨頸や大腿骨頭骨折を併発している場合には，外側広筋を近位より完全に切離し，大腿骨近位頭側面および大腿骨頸部に十分な視野を得る必要がある。アプローチは，本法と「7-2 大腿骨骨幹への外側アプローチ」を併用した。

大腿骨骨幹への外側アプローチ

適用

　大腿骨骨幹における骨折の整復に適用されるアプローチ法である。このアプローチで整復できる骨折は、おもに骨幹中央の骨折のみである。大腿骨が短い品種によっては必要に応じて「7-1 大腿骨近位骨幹端への外側アプローチ」もしくは「7-3 大腿骨遠位骨端への外側アプローチ」を併用する必要がある。

・大腿骨骨幹中央骨折の整復

アプローチのポイントと注意点

　本法では、筋実質を切離することなく大腿骨へのアプローチが可能であるが、骨折の整復時には大腿骨骨幹尾側の内転筋付着部位を可能な限り温存する。また、大腿二頭筋の下層を走行する坐骨神経を医原性に損傷しないよう、最大限の注意が必要である。

ランドマークと皮膚切開

　術中に骨のアライメントを確認できるよう、大腿骨の大転子から膝関節に至る広い範囲を露出させてドレーピングを行う。

　大腿骨の大転子、膝蓋骨、大腿骨の外側上顆をランドマークとし、骨折の位置に合わせて大腿骨骨幹の頭側縁に沿って必要な範囲で皮膚を切開する。

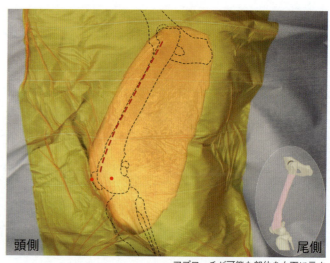

アプローチが可能な部位を右下に示す

手順

1. 皮膚切開の直下に，外側広筋とその上を覆う大腿筋膜が現れる．この時点で，皮膚を尾側に牽引し，大腿二頭筋の頭側縁を確認する．大腿二頭筋の頭側縁よりも頭側で大腿筋膜と外側広筋の筋膜を骨軸に沿って鋭性に切開する（赤点線）．このとき，大腿二頭筋上の筋膜を切開しないように注意する．

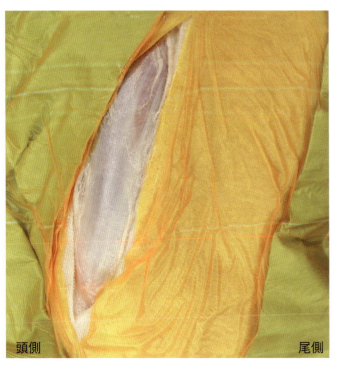
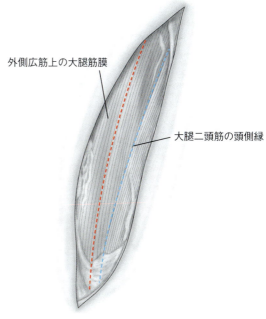

2. 筋膜は，一部をメスで鋭性に切開後，剪刀を用いて切開を広げる．大腿筋膜と外側広筋の筋膜を骨軸に沿って切開すると，外側広筋の筋実質が確認できる．

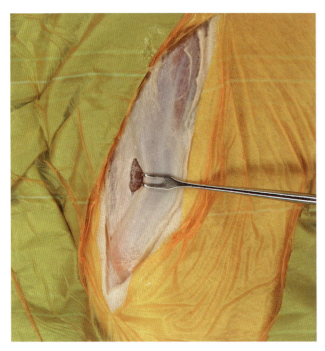
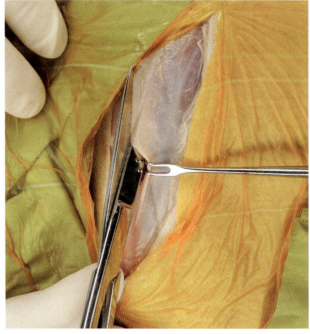

3 外側広筋を確認できたら，筋膜とともに大腿二頭筋を尾側へ牽引し，外側広筋の尾側縁を露出する。外側広筋の尾側縁を鈍性に剥離する（点線）。

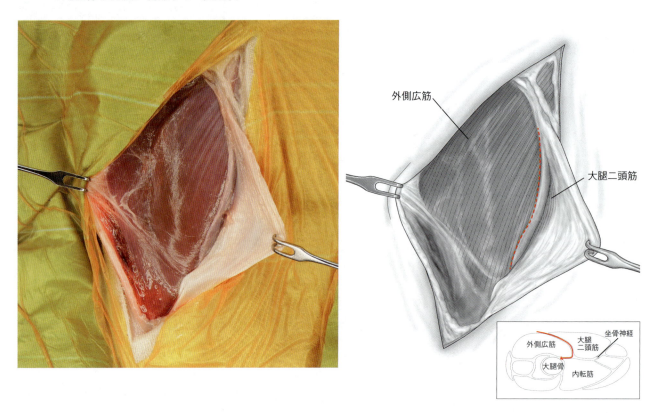

4 外側広筋の尾側縁を鈍性に剥離し，頭側へ牽引すると大腿骨骨幹が露出される。大腿骨骨幹尾側に付着する内転筋は可能な限り剥離せずに骨折の整復を行うことで，骨膜の虚血を防ぐことが可能になるが，それが難しい場合には剥離した後に整復を行う。

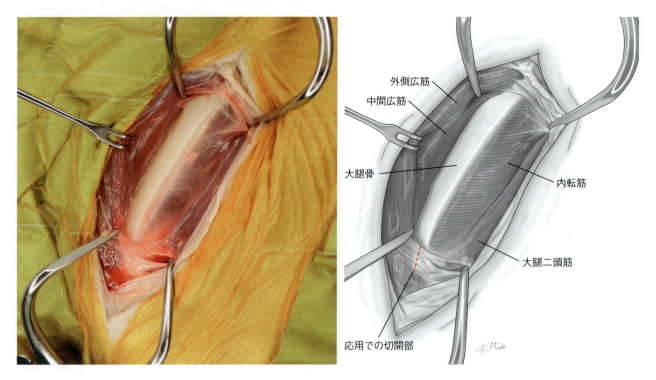

応用

　大腿骨の露出範囲を遠位へ拡大する場合には，外側広筋の尾側縁に沿って膝関節の支帯および関節包を鋭性に切開する。遠位関節面に隣接する部位にインプラントを設置する場合には，大腿骨遠位関節面および膝蓋骨を目視できるまで切開を拡大する必要がある。

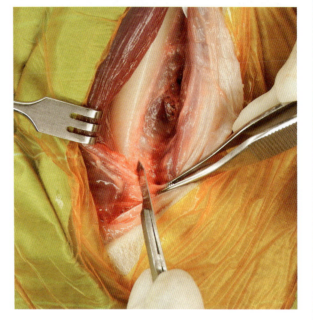

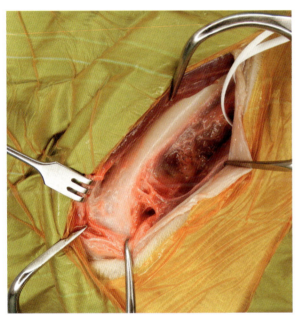

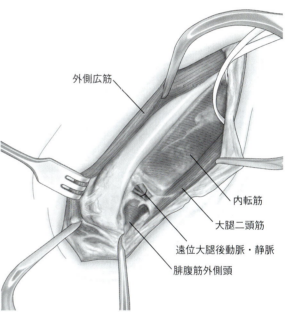

外側広筋
内転筋
大腿二頭筋
遠位大腿後動脈・静脈
腓腹筋外側頭

> **注意**
>
> 　この写真は，大腿骨骨幹中央部における坐骨神経の走行位置を示したものである。坐骨神経は大腿二頭筋を尾側に牽引することで露出できる。この位置では，大腿骨との間にある程度の距離があるが，近位に向かうに従い大腿骨との距離が近くなるため，整復操作中の医原性損傷には十分に注意する必要がある。写真では，神経テープによって坐骨神経を確保している。

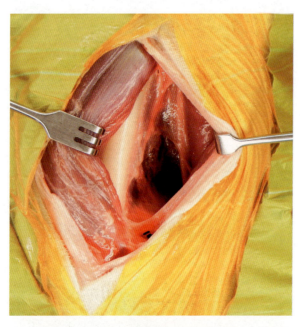

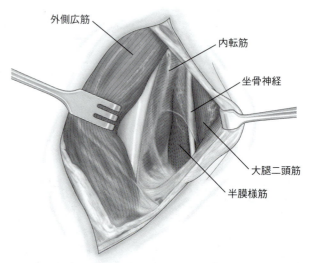

外側広筋
内転筋
坐骨神経
大腿二頭筋
半膜様筋

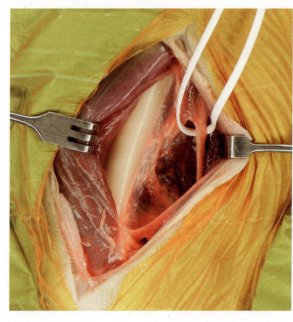

症例紹介／大腿骨骨幹の分節骨折

術前（頭尾側像）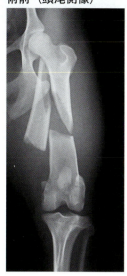

術前（側方向像）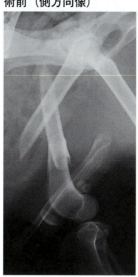

術後（頭尾側像）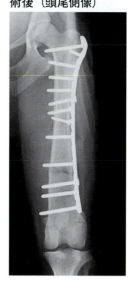

術後（側方向像）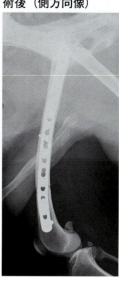

トイ・プードル，3歳齢，雄，体重4.3kg。

　大腿骨骨幹の分節骨折をロッキングプレートおよびラグスクリューにて整復した。最初に近位側の斜骨折を2本のラグスクリューにて整復し，その後，遠位の横骨折を圧迫固定にて整復した。大腿骨骨折に限らないが，骨幹の横骨折で骨折端の整合が不明確な場合には，骨幹に回旋が生じないよう整復を行う必要がある。

第7章 3
大腿骨遠位骨端への外側アプローチ

適用

　大腿骨遠位骨幹端および骨端における骨折の整復で適用され，切開創を遠位に拡大することで外側側副靱帯断裂時の再建も可能になる。膝蓋骨脱臼の治療でも同部位へのアプローチとなるが，その場合は仰臥位での保定となり，骨折整復のみを目的とする場合には動物を横臥位で保定するほうがよい。ただし，大腿骨外側顆と内側顆の両方を同時に整復する場合や，Salter-Harris型骨折，大腿骨の顆間骨折の整復を行う際には，動物を仰臥位で保定し，「8-1 膝関節への前外側アプローチ」を適用するべきである。また，骨長が短い品種では，大腿骨骨幹の骨折であっても，遠位骨端付近までインプラントの設置が必要になることが多い。その際には，「7-2 大腿骨骨幹への外側アプローチ」と併用し，遠位では本法によって関節面を直視下において整復操作を行う。

- 大腿骨遠位骨端および骨幹端の骨折整復
- 大腿骨外側顆骨折の整復
- 外側側副靱帯断裂の再建
- 腓腹筋種子骨脱臼の整復

アプローチのポイントと注意点

　外側より膝関節を完全に露出するアプローチであるため，膝蓋骨と膝蓋靱帯を確実に視認してから関節包を切開する。また，外側支帯および関節包の切開は，大腿骨より剥離した外側広筋尾側縁より連続して行う。

ランドマークと皮膚切開

　膝蓋骨，脛骨粗面および腓骨頭がランドマークとなるため，これらが露出するようドレーピングを行う。皮膚の切開は大腿骨遠位前外側より膝蓋骨の外側を通り，脛骨外側面に至る曲線で行い，近位および遠位の皮膚切開は整復に必要な範囲で延長する。

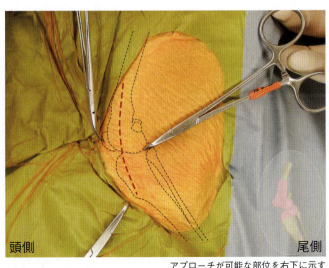

アプローチが可能な部位を右下に示す

手順

1. 皮膚切開の下層に大腿筋膜および外側広筋が現れる。ここで改めて膝蓋骨，膝蓋靱帯および脛骨粗面の位置を確認しておく。膝蓋骨外側からの延長上で，外側広筋の筋線維が見えるまで筋膜を鋭性に切開する（点線）。

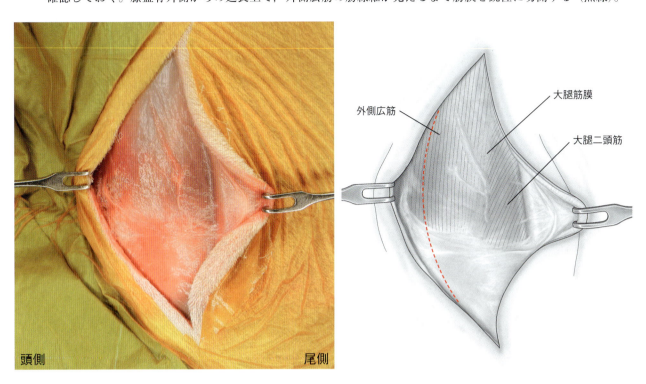

2. 大腿筋膜は，一部をメスで鋭性に切開後，剪刀を用いて切開を広げる。外側広筋の筋膜切開を，膝蓋骨および膝蓋靱帯の外側支帯を通り，脛骨粗面外側まで延長する。この際，関節包は切開せず，関節包と外側支帯を剥離しながら，外側支帯のみを切開する。

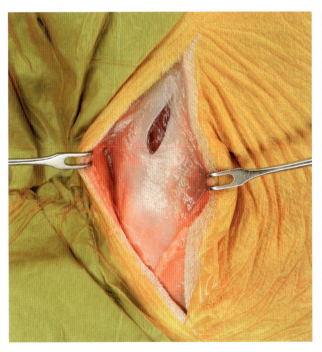
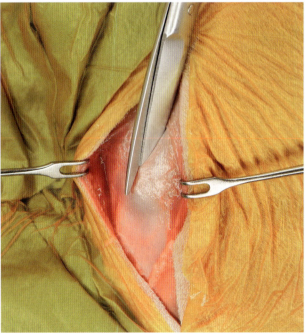

3 外側広筋の筋実質が露出されたら，その尾側縁を確認する。この時点では関節包は切開されていない。膝関節周囲の炎症が強い場合は，外側支帯と関節包の分離が難しいことがあるが，その際には筋膜の切開線と同じラインで切開する。ただし，閉創時の関節包と外側支帯の縫合は個別に行うべきである。関節包を鋭性に切開する（点線）。

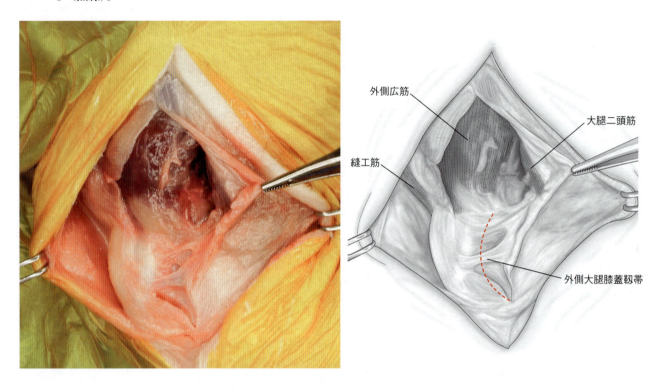

4 関節包を鋭性に切開すると，大腿骨滑車の外側および膝蓋骨の関節面が確認できる。

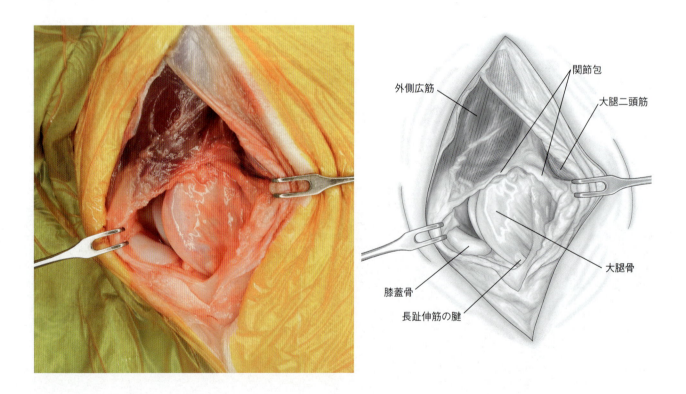

5. 術創を近位側へ拡大する場合には，関節外側の切開を外側広筋の尾側縁に沿って延長し，外側広筋を頭側へ牽引することで大腿骨遠位骨幹端から骨端までを露出する。

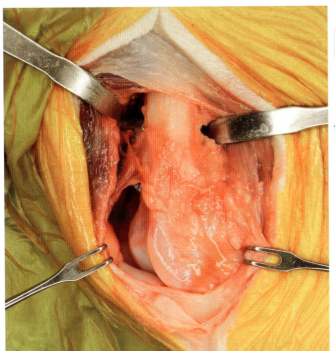
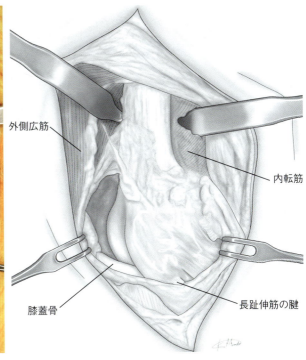

外側広筋
内転筋
膝蓋骨
長趾伸筋の腱

症例紹介／大腿骨外側顆骨折

術前（頭尾側像）　術前（側方向像）　術後（頭尾側像）　術後（側方向像）

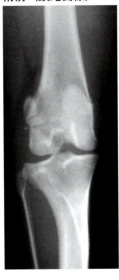
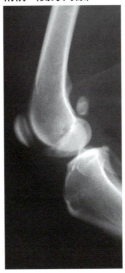
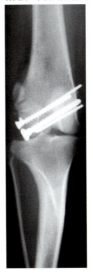
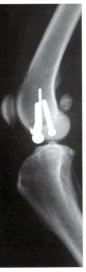

雑種犬，5歳5カ月齢，雄，体重12.3kg。

大腿骨遠位の外側顆骨折を2本のラグスクリューと2本のキルシュナーワイヤーで整復した。大腿骨外側顆の顆間側は前十字靱帯の起始部であるため，骨折した骨に前十字靱帯の起始部が含まれている場合は強固な固定が必要となる。前十字靱帯自体に損傷がある場合は「8-1 膝関節への前外側アプローチ」を併用する必要がある。

第8章 膝関節へのアプローチ

1 膝関節への前外側アプローチ

2 膝関節への内側アプローチ

3 脛骨粗面の骨切りによる膝関節への前方アプローチ

第8章 1
膝関節への前外側アプローチ

適用

　膝蓋骨脱臼の整復，大腿骨遠位骨端骨折の整復および前十字靱帯断裂時における靱帯再建や半月板の切除がおもな適用となる。また，脛骨粗面の剥離骨折や脛骨近位の骨端骨折の整復でも同部位にアプローチを行うが，この場合には膝関節を展開する必要はない。

- 大腿骨遠位骨端骨折の整復
- 膝蓋骨脱臼の整復
- 前十字靱帯断裂の再建
- 前十字靱帯および半月板の精査
- 脛骨粗面の剥離骨折の整復
- 脛骨近位骨端骨折の整復
- 半月板切除

アプローチのポイントと注意点

　膝関節を展開する際には，支帯と関節包は剥離したうえで別々に切開し，閉創時にはそれぞれを個別に縫合する。膝蓋骨内方脱臼の整復時には，外側の関節包と支帯を縫縮することが多いが，関節包には過度な緊張が生じないよう縫合する必要がある。

ランドマークと皮膚切開

　膝蓋骨と脛骨粗面をランドマークとし，大腿骨遠位から脛骨近位にかけて膝蓋骨の外側を通るラインで皮膚を切開する。皮膚切開の範囲は術式によって適宜調整する。

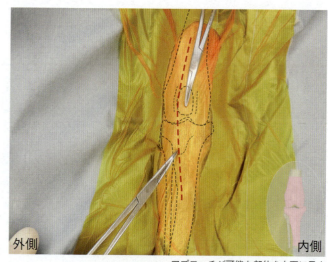

アプローチが可能な部位を右下に示す

手順

1. 皮膚切開の直下に，膝蓋骨，膝蓋靱帯および脛骨粗面が現れる。脂肪が多い動物では，皮膚切開と同じ位置で脂肪を切開し，鈍性に筋膜より剥離したうえで内外側に牽引しておく。傍膝蓋軟骨の外側で支帯のみを鋭性に切開する（点線）。

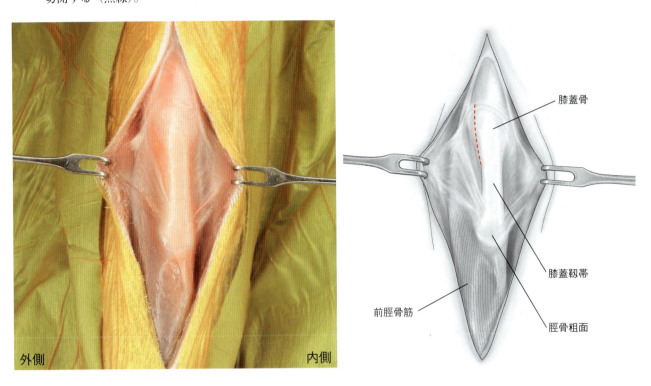

2. 近位は外側広筋の筋膜，遠位では膝蓋靱帯の外側に沿って支帯の切開を延長する（点線）。

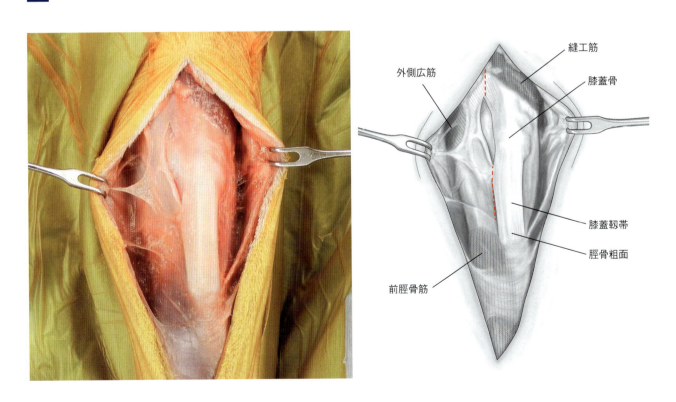

3 支帯の切開後,その下層にある関節包を鈍性に剥離する。その後,傍膝蓋軟骨の外側で関節包に切開を加える(点線)。

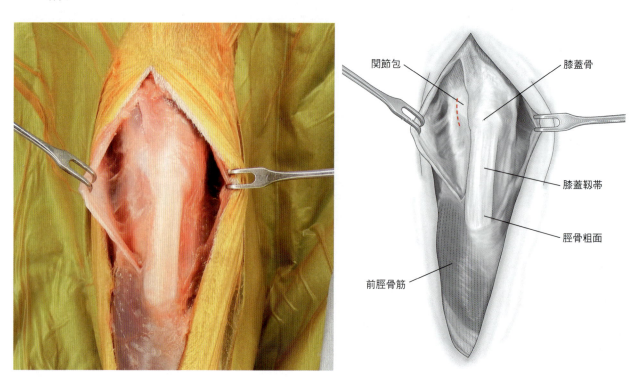

4 関節包に切開を加えると,関節液の流出が確認できる。関節包の切開を近位および遠位に延長する(点線)。

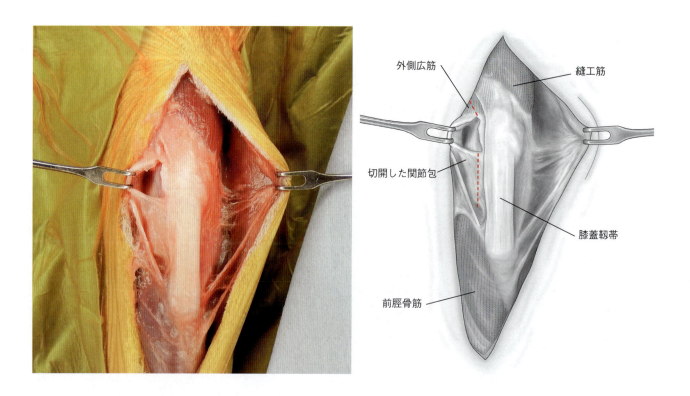

5 関節包の切開を延長すると，外側大腿骨滑車が確認できる．大腿骨外側顆の関節面に近い位置に，長趾伸筋腱の起始部が確認できる．

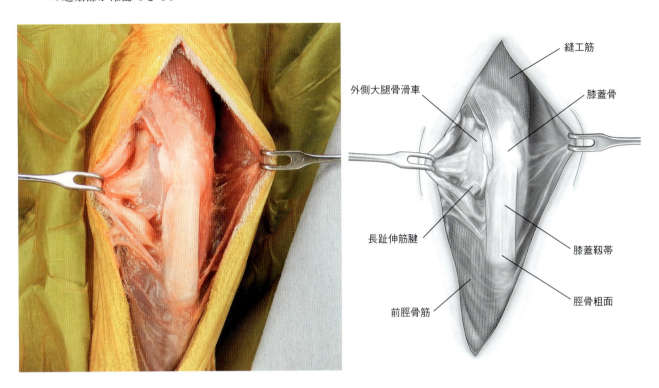

6 膝蓋骨を内側へ脱臼させると，大腿骨滑車が現れる．

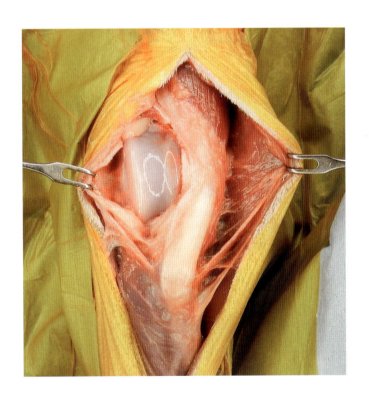

7 関節内を観察する際は，関節包の切開を遠位に延長し，関節内に存在する脂肪パッドを除去する。本法では，前十字靱帯，内側半月および外側半月の前角の観察は容易であるが，後角の観察は難しい。

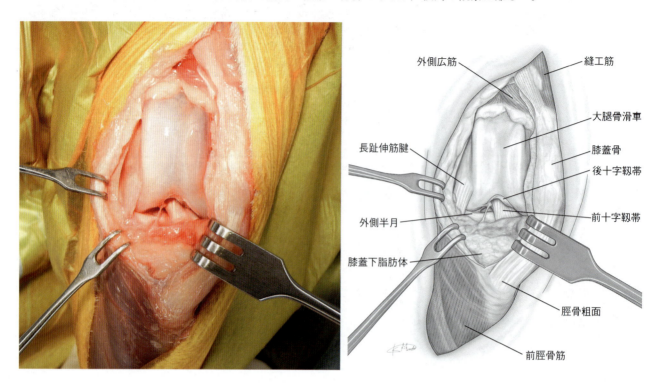

症例紹介／大腿骨遠位骨端骨折および膝蓋骨外方脱臼

術前（頭尾側像）
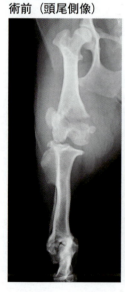

術前（側方向像）
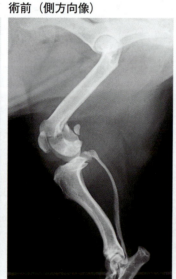

術後（頭尾側像）
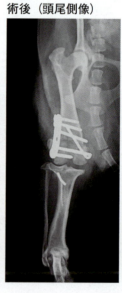

術後（側方向像）
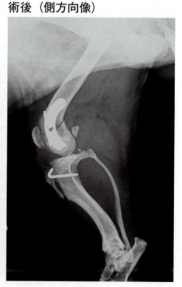

　ミニチュア・ダックスフンド，8歳10カ月齢，雌，体重3.66kg。

　関節面の一部を含む，大腿骨遠位骨端骨折を寛骨臼プレートとキルシュナーワイヤーにて整復した後，膝蓋骨外方脱臼を整復した。膝蓋骨の外方脱臼は，脛骨異形成症に伴うものと推察されたが，本症例では，脛骨の矯正骨切り術は実施せず，膝蓋骨のみを整復した。ミニチュア・ダックスフンドやウェルシュ・コーギーなどの大腿骨遠位の弯曲が強い品種におけるこの骨折では，サイズが合えば寛骨臼プレートを使用できる。

膝関節への内側アプローチ

適用

本法を単独で行うことは少ないが，膝関節内側側副靭帯断裂の再建がおもな適用となる。

- 膝関節内側側副靭帯断裂の再建
- 膝関節内の精査
- 内側半月の切除
- 脛骨高平部水平化骨切り術（「9-1 脛骨近位への内側アプローチ」を併用）

アプローチのポイントと注意点

適用となる症例は少ないが，内側側副靭帯は起始部および終止部の骨切りが難しいため，関節内へアプローチする場合には，内側側副靭帯を切開する必要がある。また，閉創時には切開した内側側副靭帯を確実に再建する必要がある。

ランドマークと皮膚切開

脛骨内側顆の尾側端と脛骨粗面をランドマークとし，大腿骨遠位から脛骨近位にかけて大腿骨内側顆の尾側と，脛骨内側顆の尾側を結ぶラインで皮膚を切開する。皮膚切開の範囲は，実施する術式によって適宜調整する必要があるが，本稿は内側の膝関節内へのアプローチとして解説する。

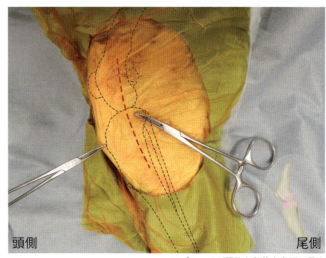

アプローチが可能な部位を右下に示す

手順

1. 皮膚切開の直下に縫工筋後部が現れる。この縫工筋後部の頭側縁を尾側へ牽引することで術野を露出する。

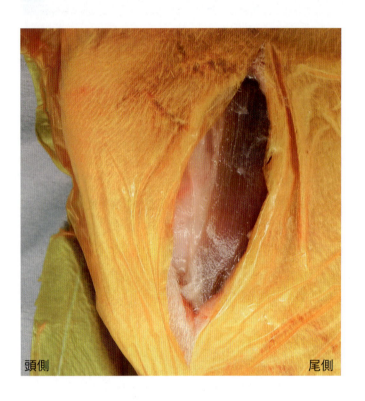
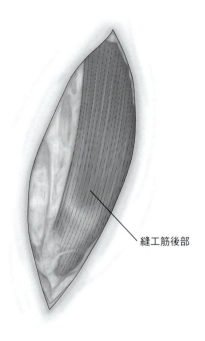

2. 縫工筋後部の頭側縁に鈎をかけ，尾側に牽引すると，脛骨の内側顆尾側に終止する半膜様筋と脛骨尾側に終止する膝窩筋を確認することができる。

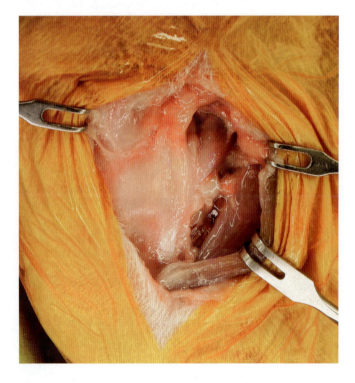
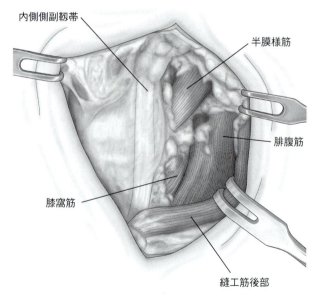

3 内側側副靱帯を切開するためモスキート鉗子で挙上する。半膜様筋は，内側側副靱帯にも一部終止する筋であるため，内側側副靱帯を同定する際のよいランドマークとなる。関節内へアプローチする必要がある場合には，内側側副靱帯を鋭性に切開する（点線）。

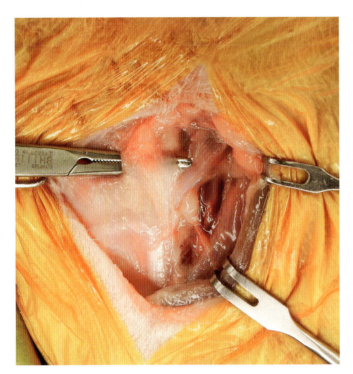

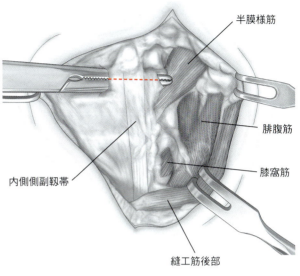

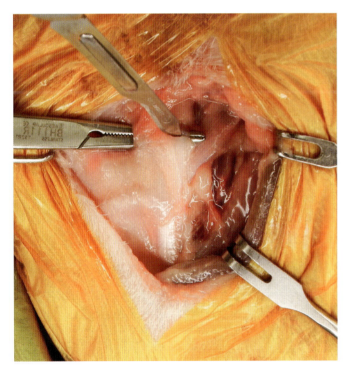

4 内側側副靱帯を切開した直下で関節包を切開すると，大腿骨内側顆の関節面および内側半月を視認することができる。閉創時には，内側側副靱帯を確実に再建する。

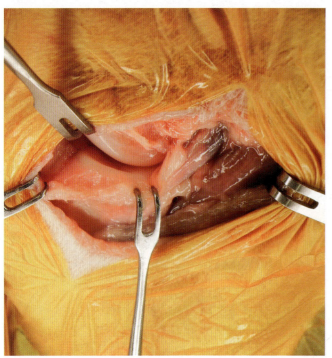
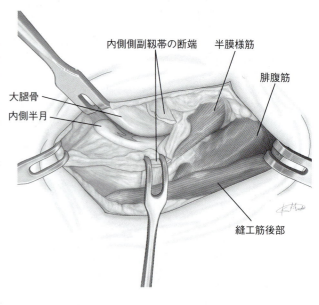

内側側副靱帯の断端　半膜様筋
大腿骨　　　　　　　腓腹筋
内側半月
　　　　　　　　　　縫工筋後部

症例紹介／大腿骨内側顆骨折

術前（頭尾側像）　　術前（側方向像）　　術後（頭尾側像）　　術後（側方向像）

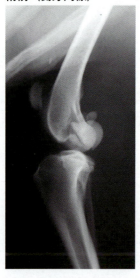
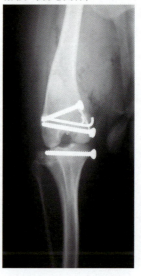
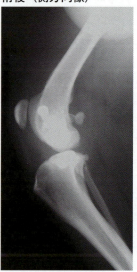

シェットランド・シープドッグ，5歳3カ月齢，雄，体重13.1kg。
　大腿骨内側顆の骨折をラグスクリューにて整復した。整復時に骨折端を視認できなかったため，内側側副靱帯を切離することで関節面を直視下に置いた。また，ラグスクリューの補強を目的として，大腿骨の近位側に設置したスクリューを使用してテンションバンドワイヤー法を付加した。閉創時には，脛骨近位にアンカースクリューを設置し，人工糸にて内側側副靱帯を再建した。

第8章 3

脛骨粗面の骨切りによる膝関節への前方アプローチ

適用

脛骨粗面を完全に脛骨より離断することによって，膝蓋靱帯と膝蓋骨を近位側へ反転できるため，膝関節内の広い視野を確保できるアプローチ法である．大腿骨遠位骨端の粉砕骨折や，膝関節内および膝蓋骨関節面の精査が必要なときに適用される．膝蓋骨脱臼整復の際に必ずしも本法は必要ないが，膝蓋骨高位（patella alta）を矯正する際には脛骨粗面の骨切りが必要になる．

- ・膝関節内の精査
- ・半月板の切除
- ・大腿骨遠位骨端における粉砕骨折の整復
- ・膝蓋骨関節面の観察
- ・膝蓋骨脱臼の整復

アプローチのポイントと注意点

膝関節内の脂肪組織を除去することで，十字靱帯および内外側の半月板の観察が容易になるが，脂肪組織を除去する際に，頭側で内側半月と外側半月をつなぐ膝横靱帯を切断しないよう注意が必要である．また，脛骨粗面の骨切りを行う際に，膝蓋靱帯側に残る骨が少ないと再付着時の強度が低下するため，整復に必要な骨が膝蓋靱帯側に残る位置で脛骨の骨切りを行う必要がある．

ランドマークと皮膚切開

膝蓋骨と脛骨粗面をランドマークとし，膝蓋骨近位より，脛骨粗面遠位に至る範囲で膝関節直上の皮膚を切開する．必要な処置に応じて皮膚切開の範囲は適宜調整する．

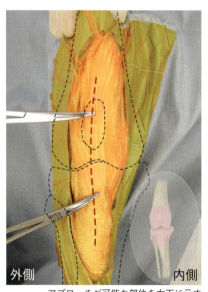

アプローチが可能な部位を右下に示す

手順

1. 皮膚切開の直下において膝蓋骨，膝蓋靱帯および脛骨粗面を触知する。膝蓋骨および膝蓋靱帯の内外側で支帯を鋭性に切開する（点線）。

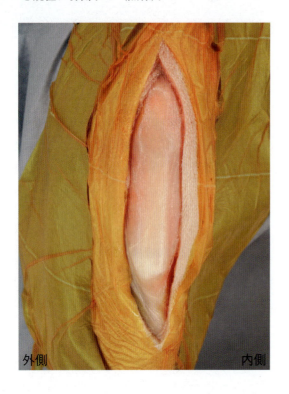
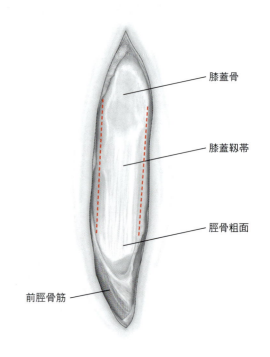

2. 膝蓋骨および膝蓋靱帯の内外側で支帯を切開後，下層の関節包と支帯を鈍性に剥離しておく。

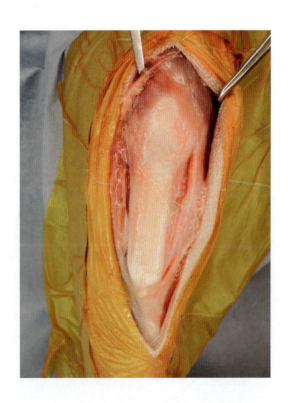
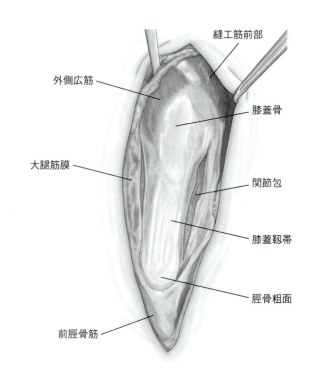

3 脛骨粗面の近位内側より斜め遠位外側に向かって振動鋸を進め，脛骨粗面の骨切りを行う。

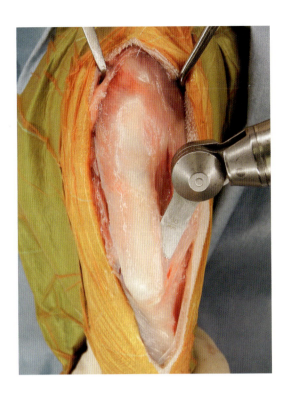
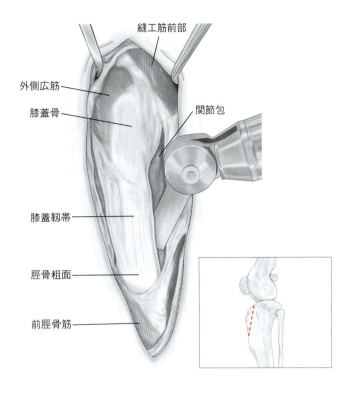

4 膝関節の内外側の関節包を切開し，脛骨粗面を近位側に挙上すると関節内を広範囲に露出できる。

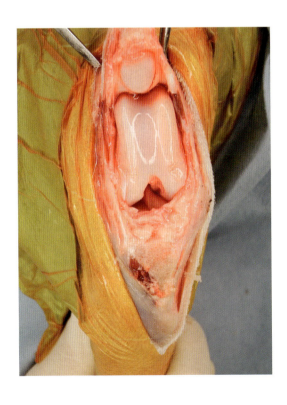
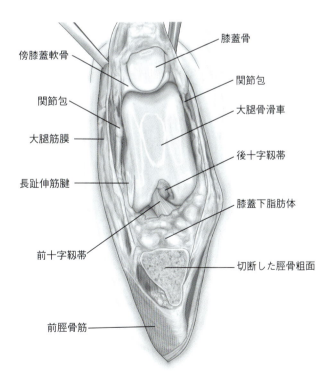

5 関節内の脂肪組織を除去すると，十字靱帯および内外側の半月板を大きく露出できるが，その際に膝横靱帯を切断しないよう注意する。

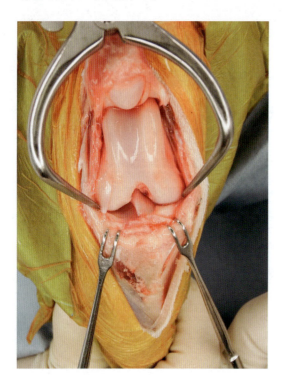
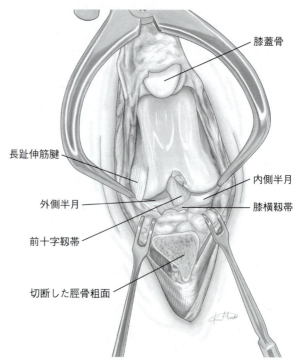

症例紹介／脛骨近位成長板早期閉鎖

術前（頭尾側像） 術前（側方向像） 術後（頭尾側像） 術後（側方向像）

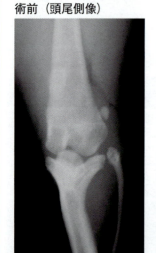
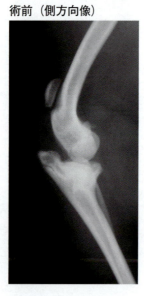
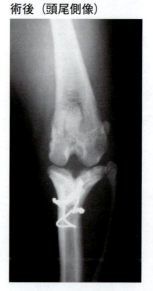
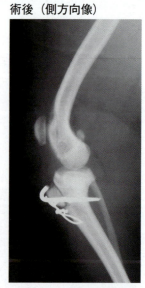

雑種犬，11カ月齢，雌，体重3.5kg。
　脛骨近位高平部の成長板のみの早期閉鎖に起因すると思われる膝蓋骨高位（patella alta）を脛骨粗面の矯正骨切り術によって整復した。術中に頭側より観察した内外側の半月板には形成不全があり，患肢には術後も跛行が残存した。

第9章 脛骨および足根関節へのアプローチ

1 脛骨近位への内側アプローチ

2 脛骨骨幹への内側アプローチ

3 足根下腿関節への内側アプローチ

4 脛骨内果の骨切りによる足根下腿関節への内側アプローチ

5 足根下腿関節への外側アプローチ

6 踵骨への後外側アプローチ

7 足根下腿関節から中足骨への前方アプローチ

第9章 1 脛骨近位への内側アプローチ

適用

膝関節の外傷に伴う内側側副靭帯断裂の再建や，脛骨近位の骨折整復に適用されるアプローチである．前十字靭帯断裂の治療を目的とした脛骨高平部水平化骨切り術では，本法と「8-2 膝関節への内側アプローチ」を併用する．また，脛骨の骨折整復では，脛骨に生じた骨折の部位と範囲に応じて「9-2 脛骨骨幹への内側アプローチ」を併用する．

- 脛骨近位骨幹端および骨端の骨折整復
- 脛骨近位の矯正骨切り術
- 脛骨高平部水平化骨切り術（「8-2 膝関節への内側アプローチ」を併用）
- 膝関節内側側副靭帯断裂の再建
- 脛骨粗面転位術

アプローチのポイントと注意点

脛骨近位の尾側を露出する際には，膝窩筋を脛骨より鈍性に剥離するが，この際に脛骨近位尾側を走行する膝窩動脈を損傷しないよう注意する．

ランドマークと皮膚切開

脛骨粗面，脛骨内側顆をランドマークとし，脛骨粗面と脛骨内側顆のおよそ中間点付近を脛骨骨軸に沿って皮膚を切開する．本稿では脛骨近位のみへのアプローチを解説しているが，切開する範囲は整復する部位と術式に応じて調整する．

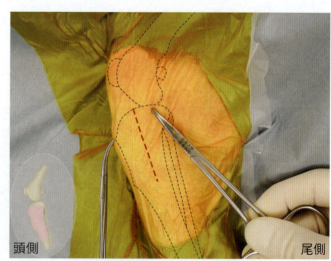

アプローチが可能な部位を左下に示す

手順

1 皮膚切開の直下に縫工筋後部の終止部が現れる。縫工筋後部を脛骨付着部より鋭性に切離する（点線）。

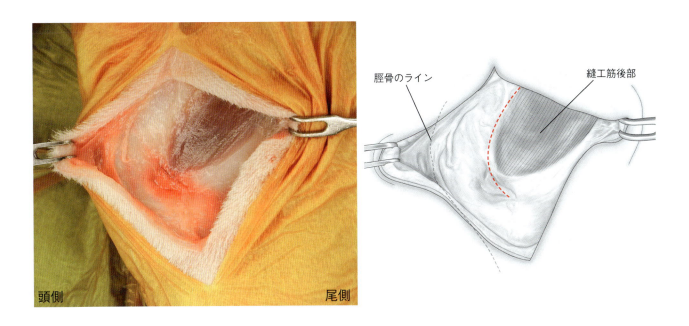

2 切離した縫工筋後部を尾側へ牽引すると，その下層に膝窩筋の脛骨終止部を確認することができる。

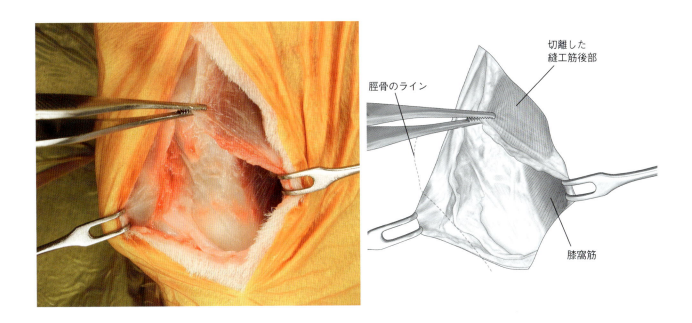

3 膝窩筋を脛骨より剥離する際は，脛骨との付着部のみを鋭性に切開する（点線）。このとき，内側側副靱帯を確実に確認し，これを損傷しないよう注意する必要がある。

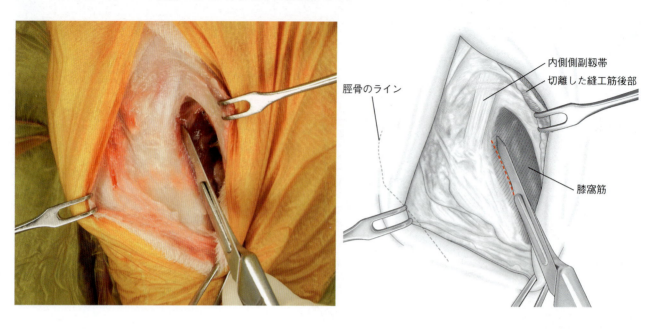

4 脛骨尾側から膝窩筋を剥離する場合は鈍性に行い，膝窩動脈を医原性に損傷しないよう注意する必要がある。

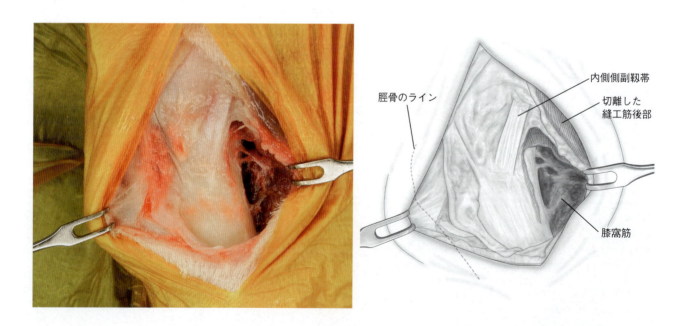

5 脛骨粗面を越えて頭側の皮膚を牽引すると同時に脛骨を内旋させると，前脛骨筋を確認することができる。前脛骨筋を脛骨近位より剥離する場合は，前脛骨筋と脛骨粗面の付着部表層のみを鋭性に切開し（点線），深部は鈍性に剥離する。

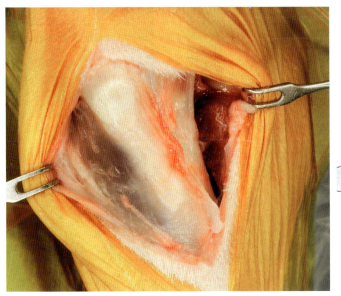
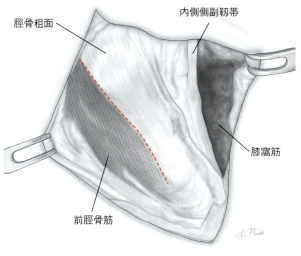

6 この写真では，膝窩筋および前脛骨筋を脛骨近位より剥離している。脛骨近位の骨折整復および矯正骨切り術では，前脛骨筋を脛骨から剥離する必要はない。しかし，重度の膝蓋骨内方脱臼の治療で脛骨粗面を大きく外側に転位する場合には，骨切りによって遊離させた脛骨粗面を前脛骨筋下層の骨表面に接触させた状態で固定する必要があるため，前脛骨筋の剥離が必要となる。

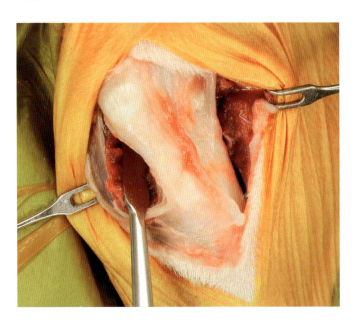

症例紹介／脛骨近位骨幹の粉砕骨折

術前（頭尾側像） 術前（側方向像） 術後（頭尾側像） 術後（側方向像）

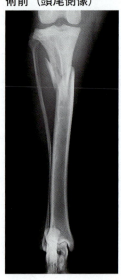 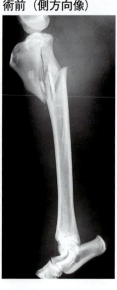 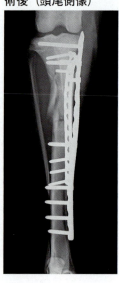 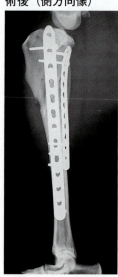

オオカミ犬，1歳10カ月齢，雌，体重27.5kg。

　脛骨近位骨幹に生じた粉砕骨折を2枚のロッキングプレートとラグスクリューで整復した。近位の骨折線が脛骨近位関節面まで達していたため，脛骨尾側からのラグスクリューとプレートの設置が必要となった。脛骨の尾側へは，半腱様筋および膝窩筋の脛骨付着部を剥離して行った。アプローチは本法と「9-2 脛骨骨幹への内側アプローチ」を併用した。

第9章 2

脛骨骨幹への内側アプローチ

適用

脛骨骨幹における骨折整復および矯正骨切り術を行う際に適用されるアプローチである。

- 脛骨骨幹骨折の整復
- 脛骨の矯正骨切り術

アプローチのポイントと注意点

脛骨内側面にはほとんど筋が存在しないためアプローチは容易であるが、脛骨骨幹中央部を近位尾側より遠位頭側に向かって斜走する伏在動脈，内側伏在静脈および伏在神経は温存する必要がある。とくに，脛骨骨幹中央部における長斜骨折では，この血管と神経の存在によって整復が難しくなることがある。その際には，血管と神経の近位と遠位までの広い範囲を周囲の組織と分離したうえで整復操作を行う。

ランドマークと皮膚切開

大腿骨内側上顆と脛骨内果をランドマークとし，大腿骨遠位から脛骨内果までの脛骨の直上を骨軸に沿って皮膚を切開するが，骨折位置および整復方法によって皮膚切開の範囲は適宜調整する。また，皮膚切開前に脛骨近位側を駆血することで内側伏在静脈を怒張させ，あらかじめその走行位置を確認しておく。

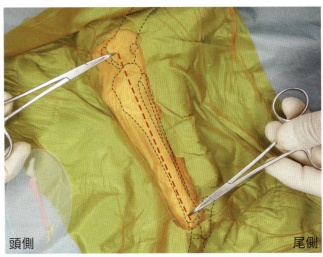

アプローチが可能な部位を左下に示す

手順

1 皮膚を切開すると伏在動脈，内側伏在静脈の走行を確認できる。

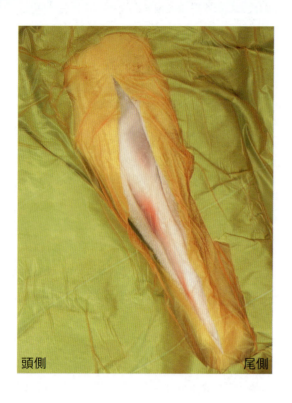
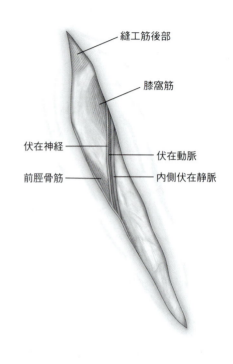

2 脛骨骨幹中央を近位尾側より遠位頭側に向かって斜走する伏在動脈，内側伏在静脈と伏在神経を分離し，神経テープで確保する。

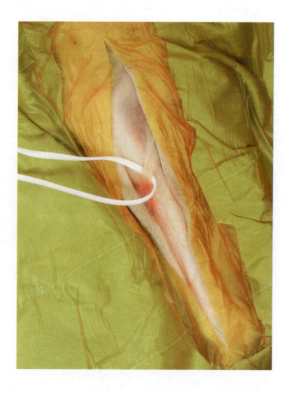

3. 脛骨骨幹を皮膚切開の直下で触知し，必要な範囲で鈍性に骨幹を露出する。この際，脛骨骨幹遠位の尾側では深趾屈筋（内側趾屈筋）腱および後脛骨筋腱，頭側には前脛骨筋が骨幹に沿うように走行しているため，整復時にはこれらを医原性に損傷しないよう注意する。また，整復に使用するプレートは，伏在動脈，内側伏在静脈，伏在神経の下層に設置する。

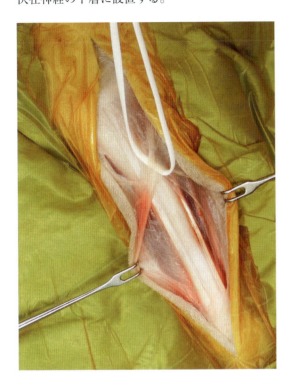
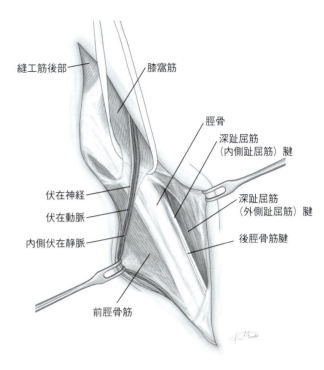

症例紹介／脛骨骨幹の斜骨折

術前（頭尾側像）　術前（側方向像）　術後（頭尾側像）　術後（側方向像）

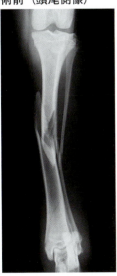
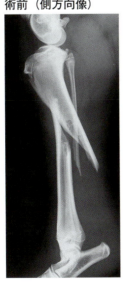
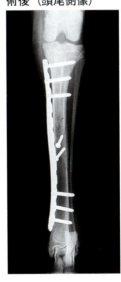
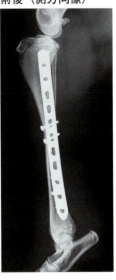

スタンダード・プードル，6カ月齢，雌，体重19.1kg。
脛骨骨幹に生じた斜骨折を2本のラグスクリューとロッキングプレートで整復した。

第9章 3
足根下腿関節への内側アプローチ

適用

本法は，脛骨内果骨折を含む脛骨遠位骨端骨折の整復，足根下腿関節脱臼の整復，内側足根側副靱帯断裂の再建がおもな適用となる。

- 脛骨内果骨折の整復
- 足根下腿関節脱臼の整復
- 離断性骨軟骨症における軟骨フラップの摘出と関節軟骨の掻爬
- 脛骨遠位骨端骨折の整復
- 内側足根側副靱帯断裂の再建
- 距骨骨折の整復

アプローチのポイントと注意点

本法では，内側足根側副靱帯の頭側で関節包を切開することで，関節内へのアプローチも可能になるが，露出範囲が狭くなる。術野を広く展開する必要がある場合には，脛骨内果の骨切りによって関節内へアプローチするほうがよい（「9-4 脛骨内果の骨切りによる足根下腿関節への内側アプローチ」参照）。

ランドマークと皮膚切開

脛骨内果と踵骨隆起をランドマークとし，脛骨遠位から脛骨内果を通り，脛骨遠位骨幹端と距骨の中心に沿うラインで皮膚を切開する。皮膚切開の範囲は術式によって適宜調整する。

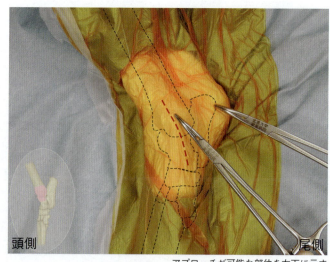

アプローチが可能な部位を左下に示す

手順

1. 皮膚切開の直下に内果より起始する内側足根側副靱帯と，その尾側で内側足根側副靱帯と平行に走行する深趾屈筋（内側趾屈筋）腱が現れる。関節内へアプローチする場合には，内側足根側副靱帯の頭側で関節包を切開する（点線）。また，深趾屈筋（内側趾屈筋）腱の尾側には，脛骨神経が走行するため，これを損傷しないよう注意する。

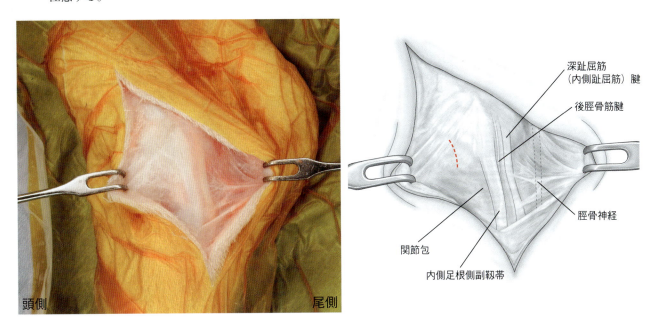

2. 関節包を切開すると，距骨滑車の内果を確認できる。この関節包の切開部位のさらに頭側には前脛骨筋の腱部が，外側より斜めに内側へ向かって関節の頭側面を横切るため，これを損傷しないよう注意する。

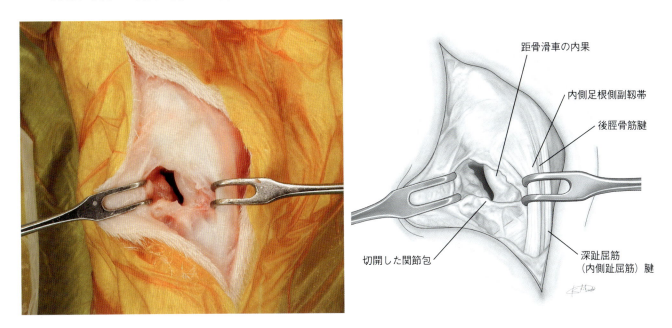

症例紹介／距骨骨折

術前（頭尾側像）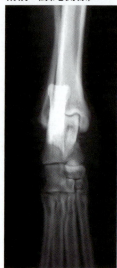

術前（側方向像）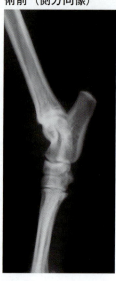

術後（頭尾側像）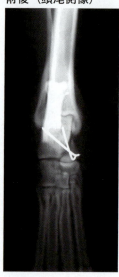

術後（側方向像）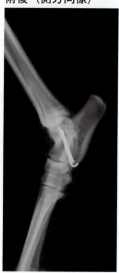

柴犬，14歳齢，雄，体重8.3kg。

骨折線が遠位関節面に及ぶ距骨骨折を，2本のピンで整復した。術後は足根関節を接合副子で約2カ月間固定した。

第9章 4
脛骨内果の骨切りによる足根下腿関節への内側アプローチ

適用

おもに距骨滑車の骨折整復および離断性骨軟骨症の治療における軟骨フラップの除去および関節軟骨の掻爬に適用される。なお，足根下腿関節脱臼では，内側足根側副靱帯が温存された状態で脛骨内果に骨折を生じることが多く，その治療方法と本法を適用した後の閉創はまったく同じである。

- 距骨滑車骨折の整復
- 離断性骨軟骨症における軟骨フラップの除去と関節軟骨の掻爬
- 足根下腿関節内の精査

アプローチのポイントと注意点

脛骨内果の骨切りを行う際に，切離する骨片が小さくなると，後の整復が難しくなる。逆に，骨切り位置が近位に寄りすぎると，脛骨遠位関節面や距骨滑車を振動鋸で損傷する可能性が高くなる。骨切りを行う前に，内側足根側副靱帯を完全に分離し，内果の起始部を十分に確認してから骨切りを行う必要がある。

ランドマークと皮膚切開

脛骨内果をランドマークとし，脛骨遠位から脛骨内果を通り，脛骨遠位骨幹端と距骨の中央に沿うラインで皮膚を切開する。皮膚切開の範囲は術式によって適宜調整する。

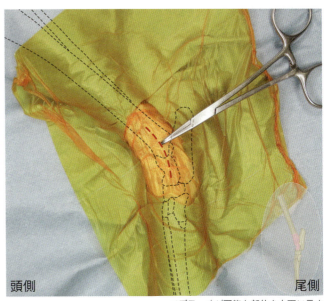

頭側　　　　尾側

アプローチが可能な部位を右下に示す

手順

1. 皮膚切開の直下に脛骨内果より起始する内側足根側副靱帯とその尾側で平行に走行する深趾屈筋（内側趾屈筋）腱が現れる。

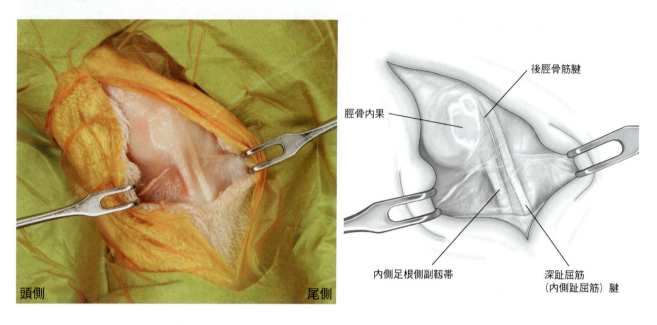

2. 深趾屈筋（内側趾屈筋）腱を腱溝より遊離し，後脛骨筋腱とともに尾側へ牽引しておく。

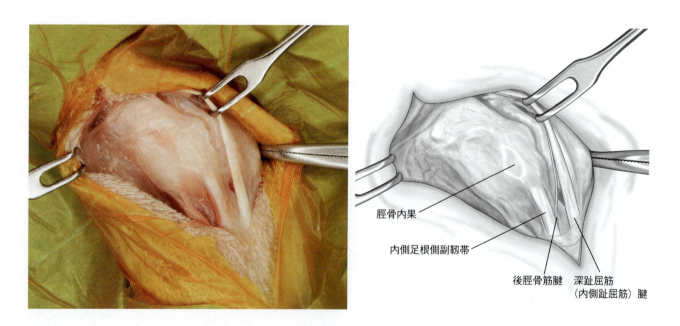

3 内側足根側副靭帯をモスキート鉗子などで分離挙上し，その起始部を確認する。

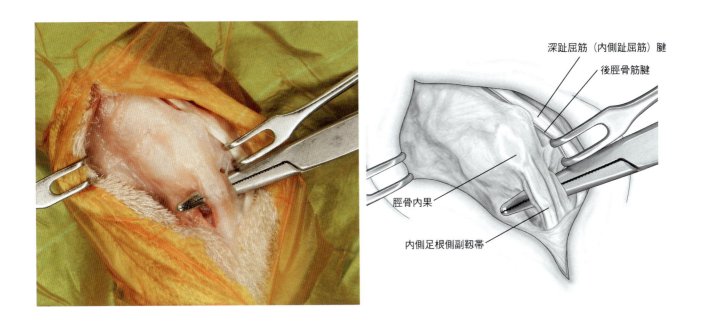

4 脛骨内果の骨切りは，脛骨の骨軸に対して約40度の角度で近位より遠位に向かって振動鋸を進める（点線）。この際に十分な骨量を内側足根側副靭帯側に残すよう注意する。

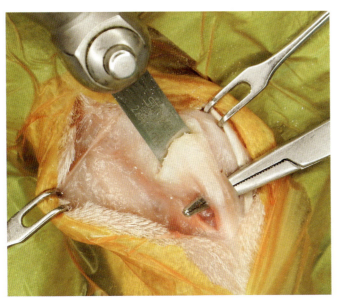
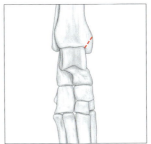

5 骨切りした脛骨内果とそこに起始する内側足根側副靱帯を遠位へ反転し，関節包を切開すると距骨滑車の内果を確認できる。

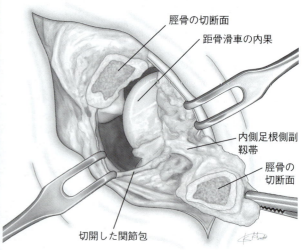

症例紹介／足根下腿関節脱臼

術前（頭尾側像）　　術前（側方向像）　　術後（頭尾側像）　　術後（側方向像）

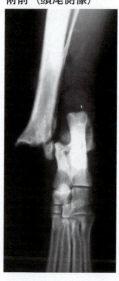
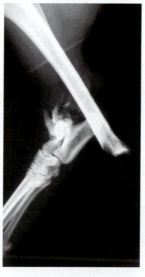
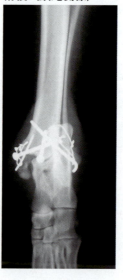
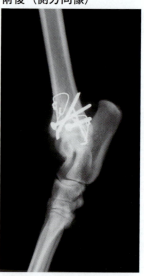

柴犬，1歳6カ月齢，雌，体重10.5kg。
　脛骨内果および腓骨外果，脛骨遠位関節面の骨折を伴う足根下腿関節脱臼を，ラグスクリューとテンションバンドワイヤー法で整復した。術後は足根関節を接合副子で約2カ月間固定した。
　アプローチは本法と「9-5 足根下腿関節への外側アプローチ」を併用した。

コラム／足根下腿関節脱臼におけるアプローチ法と整復法

　「9-4 脛骨内果の骨切りによる足根下腿関節への内側アプローチ」および「9-5 足根下腿関節への外側アプローチ」におけるおもな適用は，距骨滑車の骨折や離断性骨軟骨症におけるフラップ除去であるが，症例数は少ない。ただし，これらのアプローチにおける閉創の手技は，犬と猫の両方で足根下腿関節脱臼の整復方法とまったく同じであり，こちらの症例数は多い。足根下腿関節脱臼は，側副靱帯自体の断裂によるものと，その起始である脛骨内果と腓骨外果の骨折によるものの2種類がある（症例 9-4, 9-5 参照）。前者では靱帯の再建がメインとなるが，後者では靱帯断裂がないものも多く，その場合は脛骨内果および腓骨外果の骨折整復のみで治療が完了する。つまり，アプローチとしての適用よりも，治療としての適用が多い手技である。また，この部分の骨折によって足根下腿関節脱臼が生じている場合，その多くで脛骨内果と腓骨外果の骨折以外に脛骨遠位関節面の頭側もしくは尾側にも微小骨折があることが多いため，十分な安定化にはこの部分の整復も必要である。

第9章 5
足根下腿関節への外側アプローチ

適用

本法はおもに腓骨外果骨折および足根下腿関節脱臼時における外側足根側副靱帯断裂の再建時に適用される。

- 腓骨外果骨折の整復
- 外側足根側副靱帯断裂の再建
- 足根下腿関節脱臼の整復

アプローチのポイントと注意点

　腓骨外果は外側足根側副靱帯の起始部であるため，足根下腿関節脱臼の整復時にも，腓骨外果骨折と同様の整復が必要になることが多い。足根下腿関節脱臼に腓骨外果の骨折が併発している場合，外側足根側副靱帯は断裂していないことが多いため，アプローチは外側足根側副靱帯の健常性を確認しながら慎重に行う。また，腓骨外果を露出する際は，頭側に隣接する長腓骨筋腱と，尾側に隣接する外側趾伸筋腱および短腓骨筋腱を医原性に損傷しないよう注意する。

ランドマークと皮膚切開

　腓骨外果と踵骨隆起をランドマークとして，腓骨遠位から腓骨外果を通り，腓骨骨幹と踵骨を通るラインで皮膚を切開する。皮膚切開の範囲は術式によって適宜調整する。

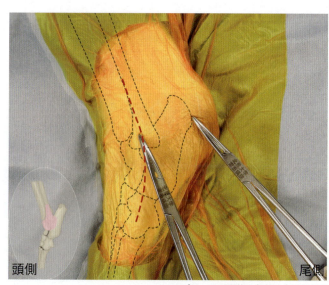

アプローチが可能な部位を左下に示す

手順

1 皮膚切開の直下に腓骨外果が現れる。腓骨外果上で外側伸筋支帯を鋭性に切開する（点線）。

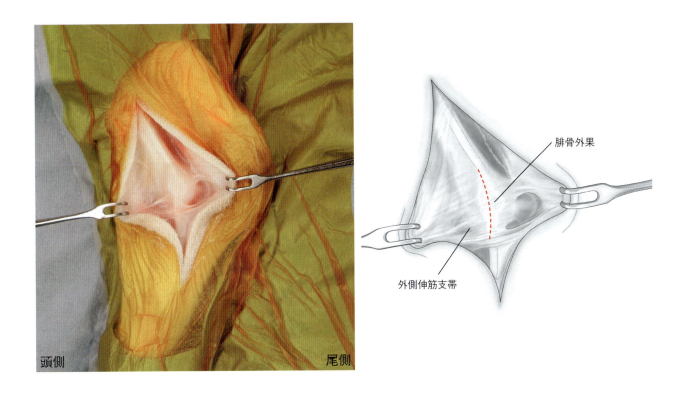

2 腓骨外果頭側で長腓骨筋腱を，尾側で短腓骨筋腱と外側趾伸筋腱を分離する。

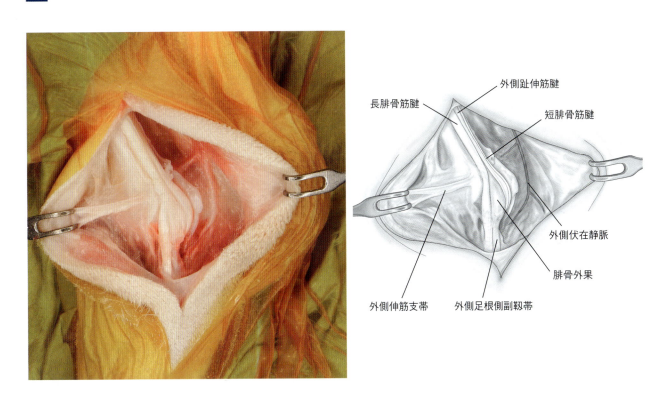

3 この写真では，長腓骨筋腱と短腓骨筋腱および外側趾伸筋腱を，腓骨外果より完全に分離している．腓骨外果の骨折整復や腓骨外果の骨切りはこの状態で実施する．また，腓骨外果から遠位に伸びる外側足根側副靱帯を確認することができる．

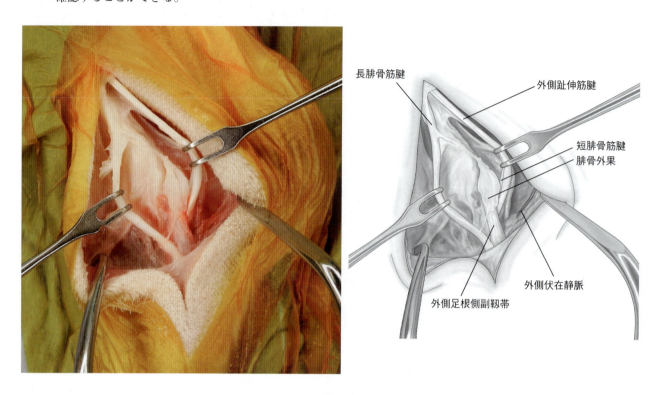

4 モスキート鉗子で挙上しているのが外側足根側副靱帯である．距骨滑車の外果の骨折整復などで，足根下腿関節内へアプローチする場合には，外側足根側副靱帯を切断するよりも，腓骨外果の骨切りを行うほうが侵襲は少ない．

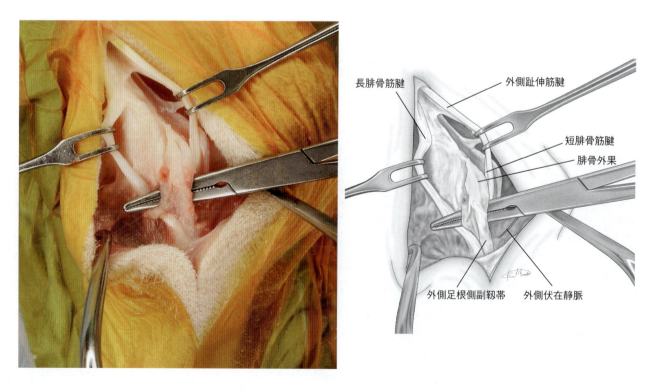

症例紹介／腓骨外果骨折に伴う足根下腿関節脱臼

術前（頭尾側像）
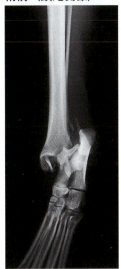

術前（側方向像）
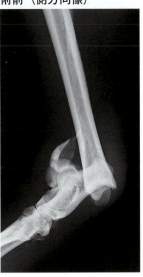

術後（頭尾側像）
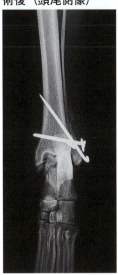

術後（側方向像）
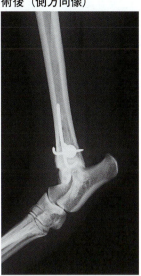

柴犬，3歳4カ月齢，雄，体重9.3kg。

腓骨外果の骨折に伴って生じた足根下腿関節脱臼である。また，腓骨外果以外にも脛骨遠位骨端の頭側と距骨滑車の内果にも骨折が認められる。脛骨骨端と腓骨外果骨折はラグスクリューと2本のピンで整復した。距骨滑車内側面の骨折は，微小骨片を除去したため，内側の関節面が一部欠損している。内側足根側副靱帯は再線維化を期待して再建は行っていない。術後は足根関節を接合副子で約2カ月間固定した。

踵骨への後外側アプローチ

適用

踵骨隆起および踵骨の骨折整復，総踵骨腱（アキレス腱）断裂の再建や浅趾屈筋腱の脱臼がおもな適用となる。また，切開ラインを遠位へ延長すれば，踵骨から中足骨までの部分関節固定術にも適用できるアプローチである。

- 踵骨隆起および踵骨の骨折整復
- 総踵骨腱断裂の再建
- 浅趾屈筋腱脱臼の整復
- 踵骨から中足骨までの部分関節固定術

アプローチのポイントと注意点

手術が踵骨周囲に限局される場合には，切開は外側でも尾側でも露出できる範囲は変わらない。ただし，切開創を遠位へ延長する必要がある場合や，踵骨の骨折をピンで整復する場合は，ピンの断端が切開創直下に位置しないよう外側を切開するほうがよい。

ランドマークと皮膚切開

腓骨外果と踵骨隆起をランドマークとし，踵骨隆起および総踵骨腱のやや外側を通るラインで皮膚を切開する。皮膚切開の範囲は，実施する手術の内容によって遠位および近位方向へ延長する。

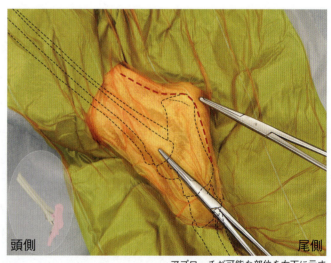

アプローチが可能な部位を左下に示す

3. 手順2の写真より遠位では，外側で長趾伸筋腱が扇状に広がり，内側には内側短趾伸筋が露出される．足根骨および中足骨へアプローチする際には，長趾伸筋腱と内側短趾伸筋の間を展開する．

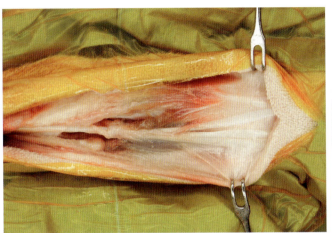 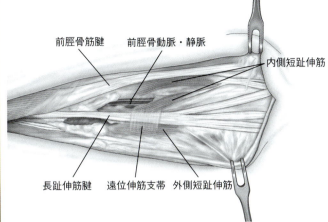

4. 長趾伸筋腱を外側へ，内側短趾伸筋を内側へ牽引すると，足根骨および中足骨が露出される．写真では，遠位伸筋支帯を開放している．

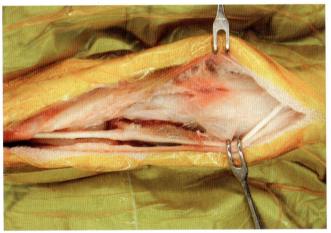 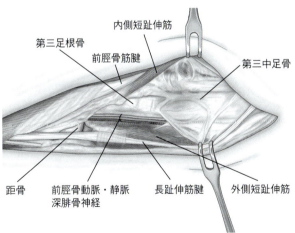

5 脛骨遠位骨端へアプローチする場合には近位伸筋支帯を開放し，長趾伸筋腱と前脛骨筋腱を分離する必要がある。

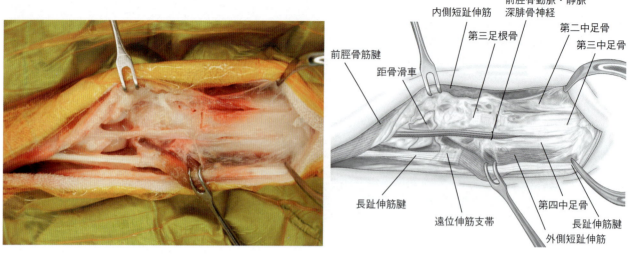

6 近位伸筋支帯を開放し，長趾伸筋腱を外側へ前脛骨筋腱を内側へ牽引すると，脛骨遠位が露出される。

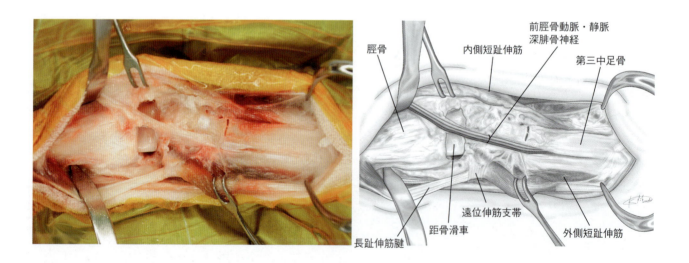

症例紹介／足根骨および中足骨近位の粉砕骨折

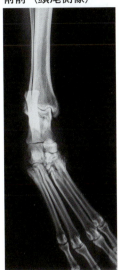
術前（頭尾側像）

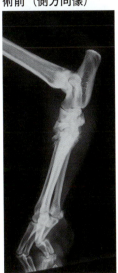
術前（側方向像）

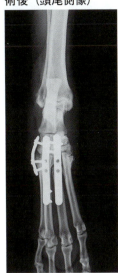
術後（頭尾側像）

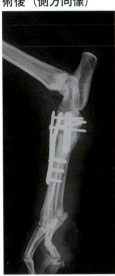
術後（側方向像）

柴犬，9歳齢，雌，体重9.6kg。

足根骨および中足骨の近位関節面付近に生じた粉砕骨折を，3枚のコンベンショナルプレートを用いた足根骨‐中足骨間の部分関節固定術によって安定化した。プレートで架橋している部分の関節軟骨はすべて除去している。術後は足根関節を接合副子で約2カ月間固定した。

索引

あ
アキレス腱 …………………………………… 198
アンカースクリュー …… 29, 35, 39, 62, 84, 121, 144, 172

う
烏口腕筋 ……………………………………… 38

え
腋窩上腕静脈 ………………………………… 55
腋窩神経 ……………………………………… 19
遠位伸筋支帯 ………………………………… 202
円回内筋 …………………………… 65, 69, 95
円回内筋切断 ………………………………… 64

お
横臥位
　骨盤および後肢 ………………………… 5, 6
　前肢 ……………………………………… 2, 3

か
回外筋 …………………………………… 83, 95
外側関節上腕靱帯 …………………………… 35
外側広筋 ………… 119, 132, 140, 148, 153, 159, 165
外側指伸筋 ……………………………… 60, 89
外側指伸筋腱 ………………………………… 98
外側趾伸筋腱 ………………………………… 195
外側支帯 ……………………………………… 159
外側伸筋支帯 ………………………………… 195
外側側副靱帯断裂の再建（膝関節）………… 158
外側足根側副靱帯 …………………………… 196
外側足根側副靱帯の再建 …………………… 194
外側半月 ……………………………………… 168
外側腓腹筋種子骨 …………………………… 10
外副子 ………………………………………… 84
寛骨臼 ……………………………… 120, 134, 144

関節固定術
　肩関節 …………………………… 26, 29, 42
　手根関節 ……………………………… 105, 108
　踵骨から中足骨 …………………………… 198
　足根下腿関節 ……………………………… 201
　足根骨から中足骨 ………………………… 205

き
仰臥位
　骨盤および後肢 …………………………… 8
　前肢 ………………………………………… 4
矯正骨切り術
　脛骨 ………………………………………… 183
　脛骨近位 …………………………………… 178
　尺骨 ………………………………………… 88
　橈骨 ………………………………………… 90
　橈尺骨 ……………………………………… 91
胸腰筋膜 ……………………………………… 127
棘上筋 …………………………… 14, 22, 27, 31, 44
距骨 …………………………………………… 202
距骨滑車 …………………………… 187, 192, 196
棘下筋 …………………………… 13, 18, 23, 28, 32
棘下筋腱 ………………………………… 23, 33
棘下筋腱切断 …………………………… 21, 30
棘下筋拘縮症 ………………………………… 21
近位伸筋支帯 ………………………………… 204
筋皮神経 ………………………………… 50, 79

け
脛骨異形成症 ………………………………… 168
脛骨外側顆 …………………………………… 10
脛骨近位成長板早期閉鎖 …………………… 176
脛骨近位の矯正骨切り術 …………………… 178
脛骨高平部水平化骨切り術 …………… 169, 178
脛骨神経 ……………………………………… 187

脛骨粗面	165, 174, 181	脛骨骨幹	183, 185
脛骨粗面転位術	178	脛骨粗面	164
脛骨粗面の骨切り	175, 176	脛骨内果	186, 189, 192
脛骨内果	10, 190	肩甲棘	12
脛骨内果の骨切り	191	肩甲頸	26, 30, 35
脛骨内側顆	10	肩甲骨関節窩	26, 30
脛骨の矯正骨切り術	183	肩甲骨体	12, 15
肩関節	16, 21, 26, 34, 36, 42	坐骨	123
肩関節不安定症	36	尺骨茎状突起	97
肩甲横突筋	13, 17	尺骨骨幹遠位	88
肩甲下筋	39	尺骨骨幹近位	85
肩甲棘	10, 14	手根骨	105, 108
肩甲骨関節窩	19, 29, 33, 39	踵骨	198, 200
肩甲骨体	14	踵骨隆起	198
肩甲上静脈	14	上腕骨外側上顆	54, 59, 79
肩甲上神経	14, 28, 34	上腕骨外側上顆稜	59
肩甲上動脈	14, 34	上腕骨顆外側部	75, 79
肩峰	10, 14, 17, 22, 27, 31	上腕骨顆内側部	75
肩峰の骨切り	27, 31	上腕骨近位	42
		上腕骨近位骨端	21
こ		上腕骨骨幹	53, 58
後脛骨筋腱	185	上腕骨骨幹遠位	48
後殿静脈	124	上腕骨骨幹近位	54
後殿動脈	124	上腕骨小頭	59
後背側腸骨棘	127	上腕骨頭	26, 42
股関節	134, 143	仙骨翼	126
骨切り		足根骨	201, 205
脛骨粗面	175	大腿骨遠位骨幹端	158
脛骨内果	191	大腿骨遠位骨端	158, 164, 168, 173
肩峰	27, 31	大腿骨外側顆	158, 161
尺骨	85, 90	大腿骨近位骨幹端	117, 146, 151
大結節	44, 46	大腿骨近位骨端	117, 122, 146
大転子	120, 142	大腿骨頸	122, 130, 137
肘頭	77	大腿骨骨幹	122, 157
腓骨外果	196	大腿骨骨幹中央	152
骨折		大腿骨頭	122, 130, 137
寛骨臼	114, 117, 122, 137	大腿骨内側顆	172
距骨	186, 188	中手骨	108
距骨滑車	189, 193, 197	中足骨	201, 205
脛骨遠位骨端	186, 197, 201	肘頭	85, 87
脛骨近位骨幹	182	腸骨	110, 113, 114, 122
脛骨近位骨幹端	178	腸骨体	113, 117, 121
脛骨近位骨端	164, 178	T字型	75

橈骨遠位骨幹端	105	上腕筋	56
橈骨遠位骨端	104, 105	上腕骨	52, 57
橈骨茎状突起	101	上腕骨顆間骨化不全症	59
橈骨頭	82	上腕骨外側上顆	10, 73
橈尺骨	91, 96	上腕骨滑車	61, 67, 70
橈尺骨遠位骨幹端	100	上腕骨小結節	38
腓骨外果	192, 194, 197	上腕骨大結節	10, 40, 44
Y字型	75	上腕骨頭	20, 25, 29, 34, 39, 45
骨盤三点骨切り術	110, 114	上腕骨内側上顆	10
		上腕三頭筋	76

さ

坐骨	125	上腕三頭筋外側頭	23, 56, 60, 72, 77
坐骨結節	10, 123	上腕三頭筋長頭	77
坐骨神経	118, 124, 139, 156	上腕三頭筋内側頭	52, 76
坐骨切痕	125	上腕三頭筋副頭	77
三角筋肩甲部	13, 17, 27, 31	上腕静脈	50, 66, 79
三角筋肩峰部	17, 22, 27, 31, 56	上腕頭筋（鎖骨上腕筋）	37, 43, 49, 56
		上腕動脈	50, 66, 79
		上腕二頭筋	49

し

膝横靱帯	176	上腕二頭筋腱	38, 40, 44
膝蓋骨	10, 160, 165, 174	上腕二頭筋腱鞘炎	36
膝蓋骨高位	173, 176	上腕二頭筋腱の外方転位術	42, 45
膝蓋靱帯	159, 165, 174	上腕二頭筋腱の内方転位術	36, 40, 41
膝窩筋	170, 179	深胸筋	38, 43
膝窩動脈	180	伸筋支帯（手根部）	98
膝関節	160, 164, 169, 173	深指屈筋	86
尺側手根屈筋	76, 86	深趾屈筋（内側趾屈筋）腱	185, 187, 190
尺側手根伸筋	60, 86	深殿筋	119, 132, 141, 148
尺側手根伸筋腱	89, 98	深殿筋固定術	136
尺骨	86, 90		

せ

尺骨遠位成長板の早期閉鎖	90	正中神経	50, 66, 79, 103
尺骨茎状突起	10, 98	正中動脈	103
尺骨神経	50, 76, 86, 99	接合副子	188, 192, 197, 205
尺骨の矯正骨切り術	88	切除関節形成術	26, 30
尺骨の骨切り	85, 90	全関節固定術	
十字靱帯	176	肩関節	29
手根関節	97, 101, 105	手根関節	108
手根骨	107	足根下腿関節	201
小円筋	18, 23, 32	浅胸筋	37, 43, 49
小円筋腱切断	16	前脛骨筋	181, 185
踵骨	198	前脛骨筋腱	202
踵骨隆起	10, 199	仙結節靱帯	124
上腕横靱帯	38, 44	仙骨	128

仙骨耳状面	129	膝蓋骨	164, 173
仙骨翼	129	膝蓋骨外方	168
浅指屈筋	65, 69	手根関節	97, 101, 105, 108
浅趾屈筋腱	199	浅趾屈筋腱	198
前十字靱帯	168	仙腸関節	121, 126, 129
前十字靱帯断裂	164, 178	足根下腿関節	186, 189, 192, 193, 194, 197, 201
仙腸関節	128	肘関節	59, 62, 82, 90
浅殿筋	119, 124, 131, 140, 147	肘関節外方	71
前殿静脈	116	肘関節内方	84
前殿動脈	116	橈尺関節	62
前殿神経	110, 116	腓腹筋種子骨	158
前背側腸骨棘	127	腕橈関節	62
		短腓骨筋腱	195

そ

双子筋	125
総指伸筋	60, 83, 89, 92
総指伸筋腱	97, 106
総踵骨腱	199
総踵骨腱（アキレス腱）断裂の再建	198
総背側指静脈	106
足根下腿関節	186, 189, 193, 194, 201
足根骨	203

ち

肘関節	64, 68, 71, 75
肘筋	60, 72, 78, 86
中手骨	107
中足骨	203
中殿筋	111, 115, 118, 127, 131, 140, 147
肘頭	10, 76, 86
肘頭の骨切り	77
肘突起	73
肘突起の分離	71
肘突起不癒合	71, 74
腸骨	112, 116, 127
腸骨体	121
腸骨稜	10, 127
長趾伸筋腱	167, 202
長第一指外転筋	90, 92
長第一指外転筋腱	102, 106
長腓骨筋腱	195

た

大結節	10, 40, 44
大結節の骨切り	44, 46
大腿筋膜張筋	115, 118, 131, 147
大腿骨	150, 154
大腿骨外側上顆	10
大腿骨滑車	160, 167
大腿骨頭	120, 135, 143
大腿骨頭靱帯	135
大腿骨頭切除術	130
大腿骨内側上顆	10
大腿直筋	149
大腿二頭筋	118, 124, 131, 138, 147, 153
大腿二頭筋の踵骨腱	200
大転子	10, 120, 142, 147
大転子の骨切り	120, 142
脱臼	
肩関節外方	26, 42, 46
肩関節内方	29, 36, 41
股関節	121, 129, 130, 136, 137, 144

て

テンションバンドワイヤー法	46, 79, 87, 172, 192, 200

と

橈骨	84, 93, 103, 106
橈骨神経	56, 60
橈骨神経深枝	60, 83
橈骨神経浅枝	60, 79
橈骨頭	10, 82
橈骨の矯正骨切り術	90

橈尺骨の矯正骨切り術 …………………………… 91
橈側手根屈筋 ………………………………… 65, 69
橈側手根屈筋腱 …………………………………… 102
橈側手根骨 …………………………… 94, 103, 106
橈側手根伸筋 ………………………………… 60, 83, 92
橈側手根伸筋腱 …………………………………… 106
橈側皮静脈 …………………………………… 49, 55, 92
トグルピン ………………………………………… 129

な
内側関節上腕靱帯の再建 …………………………… 29
内側鉤状突起 ………………………………… 67, 70
内側鉤状突起離断 …………………………… 64, 67, 68
内側手根側副靱帯 ………………………………… 103
内側側副靱帯（膝関節） …………………… 171, 180
内側側副靱帯断裂の再建（膝関節） ……… 169, 178
内側足根側副靱帯 …………………………… 187, 190
内側足根側副靱帯断裂の再建 …………………… 186
内側短趾伸筋 ……………………………………… 203
内側半月 ……………………………… 168, 169, 172
内側腓腹筋種子骨 ………………………………… 10
内側伏在静脈 ……………………………………… 184
内転筋 ……………………………………………… 154
内閉鎖筋 …………………………………………… 125

は
半月板 …………………………………………… 164, 176
半月板切除 ……………………………………… 164, 173
半膜様筋 …………………………………………… 170

ひ
腓骨外果 ………………………………………… 10, 195
腓骨外果の骨切り ………………………………… 196
腓骨頭 ……………………………………………… 10

ふ
伏臥位 ………………………………………………… 7
伏在神経 …………………………………………… 184
伏在動脈 …………………………………………… 184
副手根骨 …………………………………………… 99
部分関節固定術
　手根関節 ……………………………………… 105
　踵骨から中足骨 ……………………………… 198
　足根下腿関節 ………………………………… 201
　足根骨から中足骨 …………………………… 205

ほ
縫工筋後部 …………………………………… 170, 179

も
モンテジア骨折 …………………………………… 85

よ
腰最長筋 …………………………………………… 128

ら
ラグスクリュー ……… 53, 58, 59, 74, 75, 79, 104, 121, 129, 157, 161, 172, 182, 185, 192, 197

り
離断性骨軟骨症 ……………………… 16, 21, 186, 189, 193

わ
腕神経叢 …………………………………………… 48

その他
Hobble 包帯法 …………………………………… 129, 136
L 型スクリーン掛 …………………………………… 3, 6
Salter-Harris 型骨折 ……………………………… 21
Salter-Harris Type Ⅰ 骨折 …………………………… 87
Salter-Harris Type Ⅲ 骨折 ………………………… 104
V マット ……………………………………………… 4, 8

著者

左近允　巌　Iwao SAKONJU
北里大学獣医学部獣医学科小動物第1外科学研究室 教授
獣医師・博士（獣医学）

山口大学連合大学院獣医学研究科臨床獣医学専攻 博士課程修了後，北里大学獣医畜産学部 助手，北里大学獣医学部 講師，同 准教授を経て，2014年より現職。
専門分野は整形外科。北里大学獣医学部附属動物病院 小動物診療センターにて整形外科診療にあたる。

所属学会：日本獣医学会，日本獣医師会，日本獣医麻酔外科学会，動物臨床医学会

犬の四肢と骨盤への整形外科アプローチ

2024年12月15日　第1版第1刷発行

著　者　左近允 巌

発行者　太田 宗雪
発行所　株式会社 EDUWARD Press（エデュワードプレス）
　　　　〒194-0022　東京都町田市森野1-24-13 ギャランフォトビル3階
　　　　編集部：TEL　042-707-6138／FAX　042-707-6139
　　　　販売推進課（受注専用）：TEL　0120-80-1906／FAX　0120-80-1872
　　　　E-mail：info@eduward.jp
　　　　Web site：https://eduward.jp（コーポレートサイト）
　　　　　　　　　https://eduward.online（オンラインショップ）

表紙デザイン　　永野 武宏
本文デザイン　　飯岡 えみこ
イラスト　　　　近藤 桃子（岡山どうぶつ整形外科病院）
組　版　　　　　Creative Works KSt；菊原 進悟
印刷・製本　　　広研印刷株式会社

乱丁・落丁本は，送料弊社負担にてお取替えいたします。
本書を無断で複製する行為は，「私的使用のための複製」など著作権法上の限られた例外を除き禁じられています。大学，動物病院，企業などにおいて，業務上使用する目的（診療，研究活動を含む）で上記の行為を行うことは，その使用範囲が内部的であっても，私的使用には該当せず，違法です。また，私的使用に該当する場合であっても，代行業者などの第三者に依頼して上記の行為を行うことは違法となります。
本書の内容に変更・訂正などがあった場合は弊社コーポレートサイトの「SUPPORT」に掲載されております正誤表でお知らせいたします。

©2024 EDUWARD Press Co., Ltd., All Rights Reserved, Printed in Japan
ISBN978-4-86671-237-6 C3047